北京理工大学"985工程"国际交流与合作专项资金资助图书

中国古典家具设计基础

姬　勇（Yong Ji）

于德华（Dehua Yu）　　　　编著

[德]玛利亚-西西斯·阿尔伯特（Marie-Theres Albert）

U0234321

北京理工大学出版社

BEIJING INSTITUTE OF TECHNOLOGY PRESS

图书在版编目（CIP）数据

中国古典家具设计基础 / 姬勇，于德华，（德）阿尔伯特（Albert，M.T.）编著 . —北京：北京理工大学出版社，2013.12（2021.8 重印）

ISBN 978-7-5640-8516-2

Ⅰ．①中…　Ⅱ．①姬…　②于…　③阿…　Ⅲ．①家具－设计－中国－古代

Ⅳ．① TS666.202

中国版本图书馆 CIP 数据核字（2013）第 263856 号

出版发行 / 北京理工大学出版社有限责任公司

社　　址 / 北京市海淀区中关村南大街 5 号

邮　　编 / 100081

电　　话 / （010）68914775（总编室）
　　　　　　82562903（教材售后服务热线）
　　　　　　68948351（其他图书服务热线）

网　　址 / http://www.bitpress.com.cn

经　　销 / 全国各地新华书店

印　　刷 / 北京虎彩文化传播有限公司

开　　本 / 710 毫米 ×1000 毫米　1/16

印　　张 / 14　　　　　　　　　　　　　　　　　　责任编辑 / 陈莉华

字　　数 / 228 千字　　　　　　　　　　　　　　　文案编辑 / 张梦玲

版　　次 / 2013 年 12 月第 1 版　　2021 年 8 月第 3 次印刷　　责任校对 / 周瑞红

定　　价 / 68.00 元　　　　　　　　　　　　　　　责任印制 / 李志强

序　言

　　中国古典家具是中国传统文化的重要组成部分，蕴涵着中国深厚的文化底蕴，具有强烈的中华民族特色。中国古典家具的设计并不是一个容易涉足的设计领域，必须对中国古典家具有充分、深层的理解，才能深入浅出，有所作为。而现今中国古典家具市场整体设计水平不是很高，或为传世古典家具的仿制，仿制的水平也是良莠不齐；或为带点古典意蕴的创新，其中更是难觅精品。中国古典家具设计领域整体水平不高是有多种原因的，其一是中国古典家具的设计少有专业的设计师参与；另一个重要原因是在设计院校里中国古典家具的设计没有得到足够的重视，也缺乏相应系统的教材来指导中国古典家具的设计。

　　撰写本教材的三位作者有着各自不同的研究背景，有从事中国传统文化、美术及工艺美术研究的；有从事工业设计及中国古典家具研究的；也有来自西方研究文化遗产保护的，他们有着中西文化的交流与碰撞，这对撰写这本《中国古典家具设计基础》一书是非常有益的，对中国古典家具的理解会更加全面，能够从世界的视角来分析、总结中国古典家具，并得到有益的设计总结和指导建议。中国古典家具的设计应该深深植根于博大精深的中国文化沃土之上，并能面向世界，走向世界，这应该是中国古典家具设计的发展方向。

　　如果本教材能够对中国古典家具设计产生促进作用，加深设计类高等院校师生对中国古典家具的理解，我相信中国古典家具的总体设计水平会不断提高。这也是我所期待的。

中国工艺美术学会明式家具专业委员会会长

张乃仁

前　言

　　家具设计是艺术设计相关专业的一门专业基础课，涉及工业设计、环境艺术设计等多个不同专业。家具设计包括外国家具设计和中国家具设计两类，其中，中国古典家具设计是家具设计课程的重要组成部分。作为一名合格的设计师，特别是与工业、环艺相关的设计师，掌握中国古典家具设计的系统知识是大有裨益的。

　　近年来，随着人们生活水平的提高，人们对家具的消费心理、消费观念和消费水平发生了很大的变化。随着中国综合国力的提高，人们对民族文化的自信亦不断提高，越来越多的人开始关注中国古典家具，欣赏、鉴赏、收藏和使用，中国古典家具市场在家具领域占据了越来越重要的地位，中国古典家具的设计也愈发重要。中国古典家具市场日益发展，对专业的中国古典家具设计人员的需求也越来越多。近年来，国内许多高等院校开设的艺术设计类专业中，家具设计课程中增加了中国古典家具设计的课时，有不少高校率先增加中国古典家具设计的理论课程和实践活动，这些都是值得借鉴的。

　　通过本书的学习可以使读者全面了解中国古典家具发展的历史，以及中国古典家具的结构、造型、比例和加工工艺，掌握中国古典家具设计的基本内容，并运用这些知识进行中国古典家具设计，协调室内空间的整体氛围。通过这些知识的学习，读者可以对中国古典家具有更深入的认识，并能应用到设计实践中，在理论和实践上都有所收获。

姬　勇

于德华

Marie-Theres Albert

目　录

第 **1** 章
中国古典家具简史

　　中国是世界四大文明古国之一，历史悠久，文化精深，黄河流域和长江流域孕育了古老的中华民族。早在原始时期，人类为了满足基本的生存需求，开始制作工具，并使用工具改造自然，改善生活，或居于洞穴，或构筑居巢，营造属于人类自己的栖身之所。人类有了生存、生活的居所，并开始使用石头、树枝、茅草、兽皮等材料来驱暑避寒、防潮隔湿，或许这些稍作修整的天然材料形成了原始家具的雏形。在距今约七千年的河姆渡文化遗址发现的木质干阑式建筑遗址，其中木构件之间的连接已经使用了榫卯结构。木质榫卯结构的原始建筑为我们提供了展开丰富想象的依据，在木质建筑的内部空间，一定需要布置简单的器具来满足基本的生活需要，家具的产生也就顺理成章了。

　　中华民族发展之初是席地而坐的生活方式，这一生活方式发展至汉魏，才受外来影响产生了垂足而坐生活方式的萌芽。席地而坐的生活方式一直影响着中华民族的起居生活，直至今日，依然可以看到一些地区的居民盘腿而坐、席地乘凉，这些都是受席地而坐这一古老生活方式的影响。魏晋时期，席地而坐开始向垂足而坐的生活方式转变，历经魏晋南北朝、隋唐五代，至宋代完成了这一转变，垂足而坐成为人们主要的生活方式，家具也从矮型家具发展成高型家具。明清时期高型家具在家具结构、形态和功能方面都得到了长足的发展，特别是明末清初的明式家具达到了艺术的高峰。家具在不同的历史时期，呈现出不同的发展过程，因时代、经济、文化、地域等因素的不同，亦呈现出不同的结构、功能和风格特点。

第一节　商周、春秋和战国时期的家具

中国古代人们是席地而坐的生活方式，人们生活起居全在地上进行，商周时期已经出现用于坐卧的席子。席子是当时最主要的坐具，人们大部分的生活起居都是围绕着席子进行的，席子周围摆放其他生活器具，所有生活器具、家具的尺度都是配合席子、人体的尺度而产生的，所以当时都是矮型家具。

商周时期，人类文明已经发展到一定历史阶段，青铜器大行其道，在祭祀祖先、生活起居中都有着青铜器具的使用，青铜制品中有不少是属于家具范畴的，是辅助人们生活的基本家具。青铜家具在商周时期的使用，使我们有理由相信，在青铜家具出现的同时或更早，已经有木质的家具了，只因为木质材料易腐，不能保存至今。因此，我们可以说，商周时期家具已经作为生活的必要用具出现在人们的生活中了。

随着社会的不断发展和进步，春秋战国时期，家具发展进入一个新的阶段。春秋时期著名的匠人鲁班对木工技术做了新的发明创造，被后代木工奉为祖师。鲁班其人其事的真实信息已不得而知，但至少表明春秋时期已经开始重视木工技术的发展。春秋战国时期，木质髹漆技术有了长足的发展，人们开始制作使用木质髹漆家具。河南信阳楚墓和湖北荆州楚墓中出土的床、几、案等保存较好的漆器家具多以木为胎，外髹漆并配以精美的纹饰。春秋战国时期出土的髹漆木器渐多，其越及千年能够保存下来多归功于精湛的表面髹漆工艺。此时的家具种类也不断丰富，家具的功能分工亦日益细化。

（一）席

席是商周、春秋和战国时期席地而坐最主要的坐具和卧具，"席"字甲骨文为长方形，内折线或代表席子编织的纹理（见图1-1）。《释名》曰："席，释也，可卷，可释也。"席子用芦或竹编织，商周时期已经出现编织纹样的变化，席子的周边或以锦帛镶边。

图1-1　甲骨文"席"字的写法

湖北江陵望山一号战国楚墓出土了六件完整的席子，呈长方形，长850毫米，宽530毫米，人字纹编织，出土时置于棺内雕花板上和椁盖上。湖北江陵马山一号战国楚墓也出土了三件竹席（见图1-2），均为青篾编织，周边织纵横人字纹组成的大回字纹,中间织相间的纵横人字纹。

商周时期的礼乐制度中,对席的使用有严格的规定,不同的场合、身份、地位等使用不同材质、纹饰和尺度的席子。

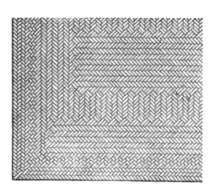

图1-2　湖北江陵马山一号战国楚墓出土的竹席局部

(二)床

随着社会不断发展,人们利用工具改造自然的能力越来越高,生活的器具也越来越精致讲究,卧具也不仅是简单的席,出现了实木髹漆打造的床。目前发现最早最完整的床在春秋战国墓葬中已经出土,是主要的卧具,其主要由腿足、床框、床屉和床栏等组成,较后来床矮,属于矮型家具,且已具矮型家具基本的结构与造型特点。

河南信阳长台关一号楚墓出土了完整的六足黑漆大床(见图 1-3、图 1-4),床长 2 250 毫米,宽 1 360 毫米,高 425 毫米,床身用方木纵四横三组成长方框,周圈四木件搭接后向外挑出。床面四角和边挺中间下设六矮足,足部透雕卷云纹(见图 1-5)。床面四周置方格式床栏,只预留出中部不设床栏,以便上下。床体较矮,床屉仅高 210 毫米,符合席地而坐家具的尺度。床身通体髹黑漆,周围髹以朱色回纹。此床用榫卯连接,间或使用铜配件固定局部,使其坚固,使保存完整至今。此床完整的形制和严谨的结构表明早在战国时期床已经发展得比较完善了。

湖北荆门包山二号楚墓出土的折叠床(见图 1-6、图 1-7),长 2 208 毫米,宽 1 356 毫米,屉高 236 毫米,亦为木质榫卯结构,床面上的六根穿带可以拆下来,床面四角以可旋转的榫卯连接,折叠的方式是将六根穿带拿下,将边挺抹头相互折叠成一体。床的构件连接都是用巧妙的榫卯结构来实现的,榫卯已经成为木作家具不可或缺的连接工艺。此件床的比例、尺度与河南信阳长台关一号楚墓出土的六足黑漆大床基本相似，可以代表战国时期木质床具的基本特点。

图1-3　河南信阳长台关一号楚墓出土的黑漆大床

图1-4　河南信阳长台关一号楚墓出土的黑漆大床局部

图1-5　河南信阳长台关一号楚墓出土的黑漆大床足部

图1-6　湖北荆门包山二号楚墓出土的折叠床展开状态

图1-7　湖北荆门包山二号楚墓出土的折叠床折叠状态

（三）案

案是陈放用品的家具，一般由案面和腿足组成。商周时期就有书案、食案的记载，春秋战国出土较多。

河南信阳长台关一号战国楚墓出土过一件金银彩绘大食案（见图1-8），长1 500毫米，宽720毫米，高124毫米，案面四周有拦水线，中间低且薄，四角略高而厚且上翘，并各镶铜包角。案沿彩绘金、黄、红、绿四色交织的云气纹，案面朱地上绘四排涡形纹，每排九个，用绿、金、黑三色组成（见图1-9）。在长边距端头六分之一处设铺首铜环，每边两个。大约在相同位置，案下分立四个蹄形铜足，中空，足上以铜托与案面相连。此案低矮，为典型的矮型家具，配合席地而坐使用。无独有偶，湖北江陵望山一号楚墓出土的一件黑红漆大案也是类似的尺度、造型和纹饰，由此可以推知，此类案为春秋战国时期典型的案子形制。

图1-8　河南信阳长台关一号战国楚墓出土的金银彩绘大食案

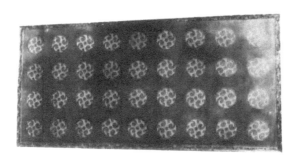

图1-9　河南信阳长台关一号战国楚墓出土的金银彩绘大食案案面

　　湖北随县[①]战国早期曾侯乙墓出土的彩绘案（见图 1-10）则是较前者略高而狭，长 1 386 毫米，宽 537 毫米，高 447 毫米。案面平整，案面下留有吊头，两端设腿足，高为前食案的三倍有余，已属较高的案了。

图1-10　湖北随县战国早期曾侯乙墓出土的彩绘案

（四）俎

　　俎是起承托作用的家具，与案功能类似，《说文解字》载："俎，礼俎也，从半肉在且上。"俎的造型于商代即已稳定，为"ㅠ"形，其造型可能是受自然石块堆成的原始家具雏形的影响，后来出现的桌案类家具概是从俎的造型发

　　① 随县：现为随州市。

展而来。商周时期，从铜俎的使用可以推知，在铜俎出现的同时或更早之前已经有木质俎的产生。已出土的完整精美的春秋战国木质髹漆俎，可证明当时木质髹漆技术已经相当成熟。

辽宁义县花儿楼出土商代后期青铜俎（见图1-11），长330毫米，宽177毫米，高143毫米，由长方形的浅盘为面，两面立板式的承足中间各截去一壶门，遂成四足。盘底下出两个半环鼻，鼻下系链，链下悬两个空顶无舌的铃，颇具特色。

图1-11　辽宁义县花儿楼出土商代后期的青铜俎

湖北当阳赵巷春秋墓出土的髹漆木俎（见图1-12、图1-13），长245毫米，宽190毫米，高145毫米，俎面长方形，两端起翘头，下为曲尺形四足。俎面髹朱漆，余则髹黑漆，并于其上绘朱色瑞兽纹饰。此木俎虽为木胎，但表面髹漆精致耐腐，使得能保存至今。此俎的造型已隐约可见翘头案的雏形了。

图1-12　湖北当阳赵巷春秋墓出土的髹漆木俎

图1-13　湖北当阳赵巷春秋墓出土的髹漆木俎局部

　　河南信阳长台关一号战国楚墓出土了木俎（见图1-14），俎面呈长方形，俎面与足榫接，通体髹黑漆，并在俎面四周和足的上部绘朱色三角形纹饰。木质器具因有外面的髹漆保护，故至今保存完好。

图1-14　河南信阳长台关一号战国楚墓出土的木俎

（五）凭几

　　凭几是坐卧时扶凭倚靠的家具，席地而坐的过程中，有凭几倚靠可以承载身体的部分压力，缓解腿部不适。在商周、春秋和战国时期，凭几不仅承载了倚靠的使用功能，更多地代表了权力、尊卑、长幼等。《周礼·春官》中有"司几筵掌五几五席之名物，辨其用，与其位。"司几筵就是专门负责设几敷席的专职人员，五几是指玉几、雕几、彤几、漆几、素几。其中，天子用玉几，诸侯用雕几，孤用彤几，卿大夫用漆几，丧事用素几，凭几的材质、修饰和使用都体现着人的身份、地位和权力。

长沙楚墓出土了数件凭几，几面都较窄，中间略凹，造型各有特点，有栅足落地，有双足支撑，代表了凭几的基本造型。其中一件（见图1-15）长595毫米，宽70毫米，高312毫米，几面两端各接一足，足下还接拱形底座，各构件之间均用榫卯连接。

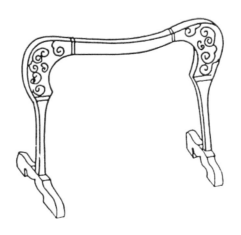

图1-15　长沙楚墓出土的凭几

河南信阳长台关一号战国楚墓出土的雕花木凭几（见图1-16、图1-17），长604毫米，宽237毫米，高480毫米，几面中宽两端略收，上浮雕兽面纹，几面两端凿卯眼与栅足榫接。

图1-16　河南信阳长台关一号战国楚墓出土的雕花木凭几

图1-17　河南信阳长台关一号战国楚墓出土的雕花木凭几几面

（六）禁

禁是盛放酒具的礼器，呈长方体。《礼记·礼器》载："有以下为贵者，至敬不坛，扫地而祭，天子、诸侯之尊废禁，大夫、士棜禁，此以下为贵也。"

可见，天子诸侯不用禁，只有大夫和士才用，等级较低。棜也是盛放酒具的礼器，无足名棜，有足名禁。

山西宝鸡斗鸡台戴家沟出土的西周铜禁（见图1-18），长1 260毫米，宽466毫米，高230毫米，呈长方体，禁面上突起三个椭圆形中空的子口，用以稳定上面所放置的器物。铜禁的前后两面各有两排长方形孔16个，左右两面各有两排长方形孔4个，子口周围和长方形孔四周皆饰有夔纹。

图1-18　山西宝鸡斗鸡台戴家沟出土的西周铜禁

河南淅川下寺春秋楚墓出土的铜禁（见图1-19），长1 310毫米，宽676毫米，高288毫米，呈长方体，禁身四周攀附有十二个铜怪兽，禁下有虎形足12个，两长边各三，四角及两短边各一。

图1-19　河南淅川下寺春秋楚墓出土的铜禁

（七）斧依

斧依亦作黼扆，或斧扆，后发展为屏风，是遮蔽视线、分隔空间、挡风聚气的家具。《礼记·曲礼下》曰："天子当依而立，诸侯北面而见天子"，孔颖达疏："依，状如屏风，以绛为质，高八尺，东西当户牖之间，绣为斧纹也，亦曰斧依。"《仪礼·觐礼》载："天子设斧依于户牖之间，左右几。"可见，斧依是周天子专用的家具，以体现周天子的权力和地位。后世不断发展，才成为人们日常生活中不可或缺的家具——屏风。

湖北江陵望山一号战国楚墓出土的透雕彩漆小座屏（见图1-20）是战国屏风的代表，其长518毫米，宽120毫米，高150毫米，由屏板和底座两部分组成。屏风整体黑漆彩绘，并在其上透雕鸟兽纹，制作精致美观，展现了战国时期精湛的髹漆工艺和雕琢技术。

图1-20　湖北江陵望山一号战国楚墓出土的透雕彩漆小座屏

（八）储物家具

储物家具指储藏物品的庋具，在商周、春秋和战国时期，使用较多的有竹笥、木箱、木盒等。

竹笥是用竹篾编织的储物器，因为制作简单、结实，形状大小不受限制，在日常生活起居中广泛使用，可以储藏衣物、梳妆用具、饮食用具、食物等，在墓葬中多有出土。湖北江陵马山一号战国楚墓出土了竹笥18件（见图1-21），其中17件方形，1件圆形，大小不等，竹篾编织，有人字纹、十字纹、矩形纹等，竹笥分别盛放梳妆用具、饮食用具、食物等物品。湖北荆门包山二号楚墓也出土了69件竹笥，有长方形、方形、圆形等，分别盛放衣物、食物等物品。

湖北随县战国早期曾侯乙墓出土的五件衣箱（见图1-22），大小、形制相似，皆为木质髹漆，箱身、箱盖分别用整木剜凿而成，箱身矩形，箱盖拱形，顶部两侧凸出一个凹形鼻，以便开启。箱身和箱盖的四角向两端均伸出把手，以便捆缚扛抬。五件衣箱纹饰各不相同，其中一件刻"紫锦之衣"四字，知为衣箱。曾侯乙墓同时还出土了不同大小、不同形制的箱盒，按使用功能区分有酒具箱、食具箱（见图1-23）等，按造型区分有长方箱、正方箱、方盒、衣箱形盒、罐形盒、鸳鸯形盒等，充分体现了这一时期储物家具已经分工细化，种类丰富。

图1-21　湖北江陵马山一号战国楚墓出土的方竹笥

图1-22　湖北随县战国早期曾侯乙墓出土的衣箱

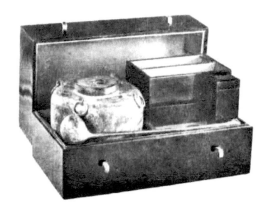

图1-23　湖北随县战国早期曾侯乙墓出土的食具箱复制品

第二节 秦汉时期的家具

秦汉时期依然延续席地而坐的生活方式，一切生活起居皆在矮型家具之上进行。矮型家具有了长足的发展，家具种类更加丰富，功能分工也更加明确，家具制作能兼顾实用与美观。这一时期全国统一，社会稳定，经济发展，多民族融合发展，同时也有外来文化的传入和交流，统治阶级对待他族文化和外来文化保持着包容、兼收、并蓄的积极态度。在这种宽松的政治背景下，垂足而坐的生活方式渐渐渗透到人们的日常生活，高型家具亦在此时出现了萌芽。

随着髹漆工艺的不断发展进步，实木髹漆家具得到了长足的发展，因为髹漆的保护，墓葬中不少木质家具得以保存下来，有不少出土家具的木芯已经腐烂，而漆壳依然完好，体现了当时髹漆工艺的高超。

（一）席

秦汉时期，席仍然是主要的坐具，大至天子祭祖、祭天，小至讲学、宴饮、舞乐等，都在席上进行。席子的使用依然有严格的等级之分，其材质、纹饰、边饰无不体现主人的身份地位。在汉代画像砖、画像石（见图1-24）中，可以看到按照席子的尺寸区分出的单人独坐席、双人席、三人席以及多人席等，众人三两成堆，围坐席上从事宴饮、舞乐等日常起居之事。

图1-24　四川大邑东汉画像砖宴饮中的席

长沙马王堆一号汉墓出土了莞席（见图1-25），长2 200毫米，宽820毫米，以麻线为经，以莞草为纬，周边以绢包缝，编织细密，制作精致，为我们展现了当时席的真实状态。

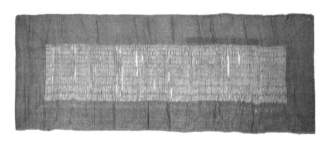

图1-25　长沙马王堆一号汉墓出土的莞席

（二）榻

榻是秦汉时期使用频繁的新型坐具（见图1-26），有腿足，较矮，有单人独坐的榻，也有两人或数人共坐的长榻。刘熙《释名·释床帐》载："长狭而卑曰榻，言其榻然近地也。小者独坐，主人无二，独所坐也。"榻仅离地少许，既可以离地隔湿防潮，又不影响其他矮型家具的使用，可以与席坐之人并坐交流（见图1-27）。

榻一般为身份尊贵的人使用，较席子等级要高，从汉代画像砖、画像石中经常可以看到榻和席子一起使用的场景，但榻上所坐明显为身份、地位较高的人。《后汉书·徐稺传》载："陈蕃为太守，不接宾客，唯（徐）稺来，特设一榻，去则悬之。"可见对坐榻之人非常尊敬。

图1-26　河北望都汉墓壁画上的独坐小榻

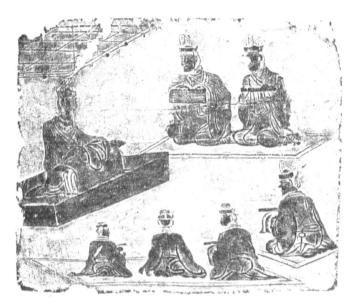

图1-27　四川成都东汉画像砖讲学中的榻与席

河北望都汉墓出土了两件石榻，与壁画所绘相呼应。其中一件长1 735毫米，宽960毫米，高245毫米，为一整块石头斫成，下承四矮足，方正规矩，没有任何装饰，为我们展示了秦汉时期榻的造型、尺度和比例（见图1-28）。

图1-28　河北望都汉墓出土的石榻

（三）胡床

胡床是秦汉时期新兴的坐具。胡床本是西北游牧民族使用的便携式坐具，造型与今人使用的马扎相似。胡床轻便结实，可以折叠，携带方便，传到中原后，受到了贵族阶层的欢迎。《后汉书·五行志》载："汉灵帝好胡服、胡帐、胡床、胡坐、胡板、胡箜篌、胡笛、胡舞，京都贵戚皆竞为之。"皇帝好尚，引得贵族阶层竞相模仿，胡床作为可开可合的方便坐具，为统治阶层接受并使用，后传播至民间广泛使用，发展成为中国独特的家具种类——交椅。

（四）案

秦汉时期的案使用更加广泛，有大、中、小型案，有单层、双层案，有圆案、方案，有书案、食案，以食案出土最多，多为髹漆彩绘，较之前精美讲究。案子的高度也较之前灵活，多数为配合席、榻使用的矮案，也有高起以适合站立使用的高案，多在庖厨、酒肆等劳作场所出现（见图1-29、图1-30）。

图1-29　四川彭县①东汉画像砖羊尊酒肆中的案

图1-30　四川彭县东汉画像砖庖厨中的栅足案

---

① 彭县：现为彭州市。

长沙马王堆一号汉墓出土的彩绘食案（见图1-31），斫木胎，呈长方形，长765毫米，宽465毫米，高50毫米，底部四角附有高仅20毫米的矮足。案面髹红、黑漆地，各两组，黑漆地上绘红色和灰绿色组成的云纹，内外壁为几何云纹，底部髹黑漆。出土时案上还置有小漆盘五件，漆耳杯一件，漆卮两件，盘上有竹箸一双，应是当时饮宴的摆设。长沙马王堆三号汉墓也出土过类似的食案。河南灵宝张湾汉墓出土的陶案（见图1-32），呈长方形，长680毫米，宽460毫米，高80毫米，案面饰红彩，下附四个羊形案足。此陶案低矮，为典型的矮型家具代表。重庆江北相国寺东汉墓、广州东郊沙河汉墓也出土了类似的长方形案，皆为食案。广州东郊沙河汉墓还出土了圆形的食案（见图1-33），直径400毫米，高86毫米，三足蹄，案面有耳杯锈蚀印迹和祭祀用器。《说文解字·木部》载："棜，圆案也"，可见当时称此圆案为棜。

图1-31　长沙马王堆一号汉墓出土的食案

图1-32　河南灵宝张湾汉墓出土的陶案

图1-33　广州东郊沙河汉墓出土的圆案

（五）凭几

秦汉三国时期仍然为席地而坐的生活方式，凭几的使用依然流行。前述的直型凭几仍有出土，造型更加精练，髹饰更加精美。

长沙马王堆三号汉墓出土的长短两用几（见图1-34）就是直型凭几，长905毫米，宽158毫米，有一长一短两对足，短足固定，长足可以拆卸，不用时拆下收到几面之下。凭几几面黑漆为底，朱漆绘龙纹，几面四周和腿足皆有朱漆描边装饰。

图1-34　长沙马王堆三号汉墓出土的长短两用几

长沙马王堆一号汉墓出土的彩漆凭几（见图1-35），由几面和腿足组成，几面扁平，中部微向下弯曲，两端略窄。凭几通体黑漆底，以红色和灰绿色的油彩描绘云纹和几何纹饰。

图1-35　长沙马王堆一号汉墓出土的彩漆凭几

（六）屏风

秦汉时期，屏风已经成为重要的家具种类，置于室内分隔空间，引导视线，更有藏风聚气的风水考虑。屏风可以置于席案之后，或床榻之后，有单扇的座屏，还有不同扇数的折屏，造型变化丰富。《汉书·陈万年传》载："万年尝病，召咸教诫于床下。语至夜半，咸睡头触屏。"此屏为置于床头或床后的屏风。

长沙马王堆一号汉墓出土的漆画屏风，高 620 毫米，由屏板和足柎组成。为双面黑漆彩绘，一面以玉璧为中心，周饰以方菱形图案（见图 1-36）；一面黑漆彩绘云龙纹，曲线舒展圆转（见图 1-37）。长沙马王堆三号汉墓出土的彩绘云龙纹屏风（见图 1-38），高 603 毫米，由屏板和足柎组成。屏风之上黑漆彩绘云龙纹。此屏风尺度、造型与上例基本一致，是汉代屏风的典型代表。广州西汉南越王墓出土了一件大型屏风，为特殊的折屏类型。屏风整体平面成"冂"形，高 1 800 毫米，宽 3 000 毫米，等分三间，中间一间为屏门，两次间是固定的屏壁，两侧为翼障，可以折叠。屏风整体黑漆彩绘，有铜饰件加固装饰，富丽堂皇。

图1-36 长沙马王堆一号汉墓出土的漆画屏风

图1-37　长沙马王堆一号汉墓出土的彩漆画屏风的另一面

图1-38　长沙马王堆三号汉墓出土的彩绘云龙纹屏风

（七）储物家具

秦汉时期储物家具仍以箱、盒、匣、笥为主，多木胎漆器、夹纻胎漆器、竹编器等，在生活中广泛使用，分工更为细化，同时也出现了橱和柜，以满足日常生活的使用。

竹笥依然是生活中常用的储物家具，长沙马王堆一号汉墓出土了48件竹笥（见图1-39），大小相似，长方体，采用细竹篾编织而成，盖和底的缘及顶部周边用藤条加缠竹片加固，主要盛放衣物、食物、中药等物品，可见竹笥在当时生活中广泛使用。

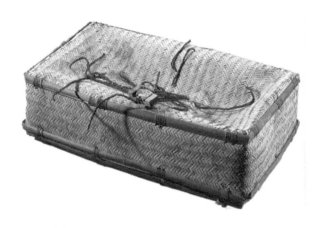

图1-39 长沙马王堆一号汉墓出土的竹笥

广州西汉南越王墓出土了数件漆箱、漆盒，用来盛放工具、酒具、梳妆用具、生活用品等。长沙马王堆三号汉墓出土的黑漆彩绘盝顶盒（见图1-40）呈长方体，长485毫米，宽255毫米，高210毫米。此盒麻布胎，外髹黑漆为地，上用白漆勾画云纹，并于其中填红、蓝、黄三色。此盒出土时内装一顶乌纱帽，可见为帽盒。

图1-40 长沙马王堆三号汉墓出土的黑漆彩绘盝顶盒

橱和柜在秦汉时期出现了具体的形象，橱和柜的区别在于橱是左右开门，柜是向上开门。河南灵宝张湾汉墓和河南陕县刘家渠汉墓皆出土了绿釉陶柜，造型类似，柜身为长方体，下有四矮足，柜上有小门，可开启。橱，当时作厨，

《论衡·感虚篇》提及燕太子丹质秦求归，秦王提出的条件有："厨门木象生肉足，乃得归。"此谓厨，即储物之橱。辽阳棒台子东汉墓壁画中有一大橱，橱顶作屋顶形，一女子正开橱门取物，为我们展现了橱的具体形象。

第三节　三国两晋南北朝时期的家具

三国两晋南北朝时期，北方及西北民族的内迁和佛教的盛行，民族间文化和艺术交流频繁，各民族的家具在功能和造型上能够相互融合吸收，家具的门类和造型逐渐丰富，制作工艺和装饰特点也趋向成熟。高型家具已有萌芽，床和榻的尺度不断加高，胡床、高凳、筌蹄、椅子等高型坐具渐渐传入（见图1-41），使得使用高型家具垂足而坐的生活方式已颇为流行，生活方式出现了席地跪坐和垂足高坐并存的现象。

图1-41　敦煌北周第290窟佛传故事《阿私陀占相》中的高凳和加高的榻

（一）凳

这一时期凳子的形象开始清晰起来，在敦煌壁画中多有表现。莫高窟北魏第257窟南壁中层的《沙弥守戒自杀品》（见图1-42）中，小沙弥就坐于方凳之上。这种方凳是较高的没有靠背的坐具，是凳的早期形象。

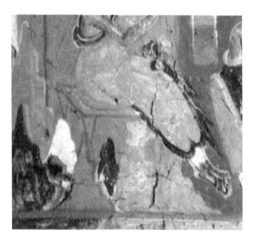

图1-42　敦煌北魏第257窟南壁中层的《沙弥守戒自杀品》中的凳

（二）筌蹄

　　筌蹄原为捕鱼和捕兔的工具，后来成为坐具的称谓。《南史·侯景传》载：
"自篡立后，时着白纱帽而尚披青袍，或以牙梳插髻，床上常设胡床及筌蹄，
着靴垂脚坐。"敦煌北凉第275窟北壁《月光王本生》就有筌蹄（见图1-43）
的形象出现。筌蹄和胡床都是高型坐具，它们的传入使垂足而坐传入中国，开
始潜移默化地影响以至最终动摇席地而坐的生活方式。

图1-43　敦煌北凉第275窟北壁《月光王本生》中的筌蹄形象

（三）胡床

胡床，东汉已传入，多在统治阶级、贵族阶层流传。三国两晋南北朝时期，胡床的使用范围已相当广泛，在社会生活的很多场合，如行军作战、郊游狩猎、庭院水榭等室外、室内都可以见到胡床的使用。《三国志·魏书·武帝纪》注引曹操传记当时的情况时载："公将过河，前队适渡，超等掩至，公犹坐胡床不起，张郃等见事急，共引公入船"。《南齐书·荀伯玉传》载："武帝拜陵还，景真白服乘画舸艋，坐胡床，观者咸疑是太子。"胡床是垂足而坐的坐具，胡床的流行为垂足而坐生活方式的传入起到了很大的作用。敦煌壁画里也时有胡床的形象出现，如在敦煌北魏第257窟西壁北侧有两人共坐一胡床（见图1-44），为垂足而坐。宋摹本北齐杨子华《校书图》中也有胡床的形象（见图1-45）。

图1-44 敦煌北魏第257窟西壁北侧的胡床　图1-45 宋摹本北齐杨子华《校书图》中的胡床

（四）绳床

绳床是指用麻、棕和藤等编织的软屉座面、有靠背和扶手的椅子，是佛教传入中国时引入的高型坐具。绳床在三国两晋南北朝时期已经出现，敦煌西魏第285窟僧人所坐的椅子即绳床的清晰形象（见图1-46），是扶手椅的早期形象。

（五）坐榻

三国两晋南北朝时期继承了秦汉以来使用矮榻为坐具的习惯，坐榻的使用明显增多，多为贵族阶层使用，有侍者侍奉左右。坐榻依然略高于地面，下承四腿，腿间或安以托泥。如北魏司马金龙墓木板漆画《列女孝子图》中就有多件独坐榻的使用（见图1-47），榻后多有侍者侍奉左右。画面上亦有席地而坐者，席边包缝，席上亦一人独坐，与独坐小榻遥相呼应。东晋顾恺之《洛神赋图卷》中亦有独坐榻的使用（见图1-48），主人独坐榻上，侍者分列左右。

图1-46　敦煌西魏第285窟僧人所坐的绳床

图1-47　北魏司马金龙墓木板漆画《列女孝子图》中的独坐榻

图1-48　东晋顾恺之《洛神赋图卷》中的独坐榻

（六）凭几

在椅子没有普及之前，席地而坐仍为主要的生活方式，凭几依然发挥着倚靠、扶持的重要作用，或置于筵席之上，或置于坐榻之上，或置于床榻之上，使用者坐后倚靠其上。这一阶段还出现了一种曲形凭几，在三足之上置一半圆形曲木为凭，这样的凭几使用起来更加舒适。如安徽马鞍山三国吴朱然墓出土的彩漆凭几（见图1-49）和南京象山七号东晋墓出土的陶制凭几都属于曲木凭几（见图1-50），造型基本相似，都是弧形曲木和兽蹄状三足组成，代表了曲木凭几的基本形态。

图1-49　安徽马鞍山三国吴朱然墓出土的彩漆凭几　　图1-50　南京象山七号东晋墓出土的陶制坐榻和陶制曲形凭几

（七）床榻

三国两晋南北朝时期，床榻已经成为成熟、实用的家具，床面高度较后来床榻矮，床榻之后或设屏风，或在床面周围圈以围屏板，以作倚靠屏障之用。

西安北周安伽墓出土了一围屏石榻（见图1-51），长2 280毫米，宽1 030毫米，高1 170毫米，由三块围屏、一块榻板和七条榻腿组成，各构件由榫凿卯榫接。石榻看面为四腿，腿间装以水波纹，后面为三腿。无独有偶，西安北郊另一北周粟特人墓也出土了一围屏石榻，由四块围屏、一块榻板和六条榻腿组成，与西安北周安伽墓出土的围屏石榻相似，出土时其上有一具平卧的骨架，证明此类石榻是用来休息的卧具。两墓皆为粟特人的墓葬，在魏晋南北朝至隋唐时期，有不少粟特人进入中国进行商业贸易，有的最终定居中国，东西方文明进行交流融合，粟特人墓葬的家具必定也能反映当时家具的部分情况。而敦煌北魏第431窟南壁绘制了两座长榻（见图1-52），其造型和榻腿的形状与粟特人墓葬出土的石榻相似，印证了这一时期流行这种多足四平榻。宋摹本北齐杨子华《校书图》中绘制了一件多足大榻（见图1-53），依然是四面平多足式，只是足下承接托泥，且腿间变化成壶门样式，是此类榻的进一步发展样式。

图1-51　西安北周安伽墓出土的一围屏石榻

图1-52　敦煌北魏第431窟南壁《九品往生》中的榻

图1-53　宋摹本北齐杨子华《校书图》中的榻

这个时期新兴的卧具还有架子床。最早的床多有围栏而无架。东晋顾恺之《女史箴图》最早绘出了一具架子床（见图1-54），床座饰壶门，四角立柱，柱间围数扇并列床围，床围高约半米，使用者休憩时可以倚靠其上，胳膊伸出架在床围上。前面的床围似门扇可开合，方便上下床。床上设顶，四周设帷帐，带有架子床初创期的特点。床前放有与床等长的栅足式几，汉代已有，名曰桯，是床前配合床使用的家具。

图1-54　东晋顾恺之《女史箴图》中的架子床

（八）屏风

三国两晋南北朝时期，屏风的使用更加普遍，与床榻连为一体的床围可视为屏风的沿用，一般坐卧之后多设单独的屏风，或单扇座屏，或多扇围屏。屏风的使用还体现了等级观念，屏风一般为贵族阶层使用，会客时多为主人和尊贵宾客使用。

宋摹本晋顾恺之《列女图》里就描绘了卫灵公和夫人分坐于席子之上，卫灵公坐席之后围以三面屏风（见图1-55），屏风由四框攒成，内绘山水。这一时期，流行在围屏之上绘制屏风画，以山水、人物故事为主，北魏司马金龙墓出土的一件床后屏风，惜残，只剩下几块绘制精美的屏风画，所绘即为人物故事，如列女、孝子、高人、逸士等。

图1-55 宋摹本晋顾恺之《列女图》中的屏风与席

第四节 隋唐五代时期的家具

隋唐五代时期文化繁荣，这一时期不断吸收外来文化，出现了不少新型家具，已经出现了具有相当规模的高型家具，席地而坐逐渐过渡到垂足而坐。这个时期的家具实物留存较少，但从墓室出土的家具明器、壁画、传世（或后人临摹）的绘画可以获得不少形象资料，可以看出这一时期家具实用与美观相结合，装饰华丽讲究、意味浓郁。

隋唐五代时期是席地而坐与垂足而坐并存的时代，垂足而坐已经成为习以为常的坐姿，为社会所接受。垂足而坐的高型家具不管是种类上还是数量上都在不断增多，高型坐具得到了长足的发展，凳、胡床、筌蹄发展迅速，在壁画、绘画作品中经常出现。同时，可以看到一组人们生活起居常用的家具组合，即后设大屏风，屏风前置榻，主人和宾客坐于榻上，榻前放置高案或榻上置炕桌棋盘之类。这样以床榻为中心的生活方式较之前以席为中心的生活方式，高度明显提高了。

（一）杌凳

杌凳是没有靠背的高型坐具，在隋唐五代时期已经普遍使用，不仅有单人独坐的方凳，还有供多人同坐的长凳。河南安阳隋代张盛墓出土了瓷制的案和凳明器（见图1-56），凳子由凳面和两板足以榫卯连接。长安唐韦氏墓壁画《观花图》中绘制了一妇女坐在高凳观花（见图1-57），凳子为简单的座面、腿足和横掌组合，已具有宋式家具的雏形了。长安唐韦氏墓壁画《野宴图》中则绘制了高案之侧，长凳之上饮宴的场景（见图1-58），长凳可供3人坐，上应铺锦绣之类。

　　五代卫贤《高士图》中也展现了坐榻、机凳的生活场景（见图1-59），主人梁鸿盘腿端坐于榻上，榻两边置方凳两把，方凳高度略低于坐榻，四腿着地，腿间已有固定腿足的横掌出现。可见，方凳在生活中已经较为普遍，但方凳的等级明显低于坐榻。

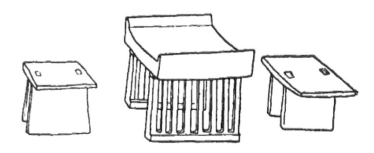

图1-56　河南安阳隋代张盛墓出土的瓷制案和凳明器

图1-57　长安唐韦氏墓壁画《观花图》中的凳

图1-58 长安唐韦氏墓壁画《野宴图》中的高案和长凳

图1-59 五代卫贤《高士图》中的机凳

这一时期，多在绘画作品中出现一种座面呈半圆形称为"月样杌子"的高型坐具，座面上一般铺锦绣，四足落地，旁设桌案，配合使用。如唐张萱《捣练图》（见图1-60）和唐周昉《内人双陆图》（见图1-61）等都出现类似的"月样杌子"形象。

图1-60　唐张萱《捣练图》中的"月样杌子"　　图1-61　唐周昉《内人双陆图》中的"月样杌子"

（二）椅子

隋唐五代时期，还没有椅子一词，但可以倚靠的高型坐具的概念已经日渐清晰，不少高型坐具已经出现了不同倚靠的构件，与靠背和扶手的功能相似。至晚唐五代时期，椅子的形象已经很清晰了，靠背和扶手构件已经出现，如唐高元珪墓壁画上的靠背椅靠背清晰可见（见图1-62）。在（传）五代顾闳中《韩熙载夜宴图》中的靠背椅（见图1-63）中，已经有成熟的靠背、搭脑、座面、腿足和脚踏出现，且可以看出靠背板是攒成的，搭脑外展出头。因为此画描绘的是五代时期的生活状态，画家很巧妙地表现了主人、宾客垂足坐于椅子上和盘腿坐于椅子上两种使用状态，这是席地而坐和垂足而坐两种生活方式交替转变的有趣现象，随着垂足而坐最终占据统治地位，到宋朝以后，就很少见到盘腿坐于椅子之上的现象了。这一时期带有圆形椅圈的类圈椅也出现了，五代周文矩《宫中图》中的圈椅（见图1-64）近似于以后的圈椅。

图1-62 唐高元珪墓壁画上的靠背椅（摹绘）

图1-63 (传)五代顾闳中《韩熙载夜宴图》中的靠背椅

图1-64 五代周文矩《宫中图》中的圈椅

（三）桌案

隋唐五代时期，高型承具出现新的发展和创新，高桌、高案出现在人们的生活中。桌案主要用来盛放用品，由桌面和腿足组成，部分桌案下承托泥。桌案也开始和机凳、座椅配合使用，为方便人们伸手拿取物品，桌案高度已经提高，再次巩固了垂足而坐的生活方式。湖南岳阳桃花山唐墓出土的翘头案（见图1-65），长130毫米，宽100毫米，高50毫米，案面两端上翘，下端有两宽扁形足，足上刻直棂条纹，虽为明器，却已经具有典型高型家具的比例了。

图1-65　湖南岳阳桃花山唐墓出土的翘头案

一般桌案造型为多足壶门式，与坐榻和床有相似结构，足间壶门已经成为这一时期独特的造型样式，在床榻、桌案、箱盒、梳妆用具、饮食用具等处都可以看到，有因结构产生的壶门造型，有的干脆作为纹样、开光的装饰使用。唐佚名《宫乐图》中的长桌（见图1-66）、莫高窟中唐第159窟壁画中的桌（见图1-67）就是壶门多足式。也有少数桌案突破这一造型局限，呈现简单的四腿落地的形态，为宋元时期的梁柱结构家具做了准备。敦煌晚唐第85窟壁画《庖厨图》中描绘的两张方桌（见图1-68），由桌面和四腿组成，四腿接于桌面四角，直接落地，腿间没有横掌。从画面的比例来看，方桌已经与明清方桌高度无异。五代王齐翰《勘书图》中的书案（见图1-69）尺度与明清案子相似，且腿间使用了横掌固定，依稀可以看出宋代家具的影子。

图1-66　唐佚名《宫乐图》中的长桌

图1-67　莫高窟中唐第159窟壁画中的桌

图1-68　敦煌晚唐第85窟壁画《庖厨图》中的方桌

图1-69　五代王齐翰《勘书图》中的书案

（四）床榻

隋唐五代时期依然流行坐榻（见图 1-70）和独坐小榻（见图 1-71），坐榻的高度略有升高，造型多为多足壶门式，这也是这一时期比较流行的造型样式。壶门床榻有只用于坐的小榻，也有可供坐卧的大榻（见图 1-72），可坐于其上生活起居，也可以躺下睡觉，已经没有明显的坐卧之分、床榻之别了。

图1-70　唐燕妃墓壁画中的坐榻

图1-71　（传）唐阎立本《历代帝王图》中的独坐小榻

图1-72　山东嘉祥英山一号隋墓壁画中的壸门榻（摹绘）

隋唐五代时期还流行一种案式榻，没有床围，高度较桌案矮，日常可以坐于榻上生活起居，还可以躺下稍作休憩之用，是兼具休闲、休憩功能的综合家具。五代王齐翰《勘书图》（见图 1-73）和五代周文矩《重屏会棋图》（见图 1-74）都有此类榻的形象，江苏邗江蔡庄五代墓出土的木榻也是类似的造型。榻面之上也有设围子的情况，一般仍为较高的围板，各围板高度相同，起到围合空间、提供倚靠的作用。这类案式榻是休憩会客之用，区别于专门用于睡觉的床。

图1-73　五代王齐翰《勘书图》中的榻

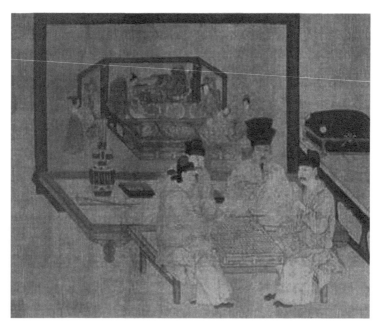

图1-74　五代周文矩《重屏会棋图》中的榻

专门睡觉的卧具南北方不同，北方一般使用炕，炕周围多挂帘，而南方多使用架子床（见图1-75），除了床面之上设围板之外，也在之上加床顶，挂帘以遮挡视线、分隔空间。白天的时候，用钩子把帘挂起。

图1-75　（传）五代顾闳中《韩熙载夜宴图》中的架子床

（五）凭几

在席地而坐和垂足而坐并行的隋唐五代时期，凭几依然是席榻之上重要的凭倚家具（见图1-76），主要有直形凭几和弧形凭几。河南安阳隋张盛墓出土了一件直凭几（见图1-77），为直几身和"山"字形腿组成，而日本正仓院所藏唐直凭几（见图1-78）和新疆吐鲁番阿斯塔那唐墓出土的直凭几（见图1-79）的造型有异曲同工之妙。河南安阳隋张盛墓出土的一件陶质弧形凭几（见图1-80），几身呈C形，下踩三兽足，呈S形。弧形凭几较直凭几更人性化，使用更加舒适。

（六）屏风

隋唐五代屏风依然盛行，屏风成为室内外分隔空间、陪衬人物的重要家具，人们生活起居多在屏风前面的空间里进行。屏风主要有座屏和折屏两种，尺度可以很大，分隔大块空间，也可以很小，置于桌案之上。座屏一般为一扇或三扇等奇数扇，如在五代王齐翰《勘书图》（见图1-73）和五代周文矩《重屏会棋图》（见图1-74）中桌案之后皆有大型屏风的出现，既分隔空间，又藏风聚气。敦煌莫高窟唐172窟壁画《观无量寿经变》壶门榻后的屏风（见图1-81）则是单扇三幅组成，为隋唐五代常见的空间布置方法。

图1-76　唐阎立本《历代帝王图》中坐榻上的凭几

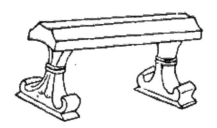

图1-77　河南安阳隋张盛墓出土的直凭几

图1-78　日本正仓院藏唐直凭几

图1-79 新疆吐鲁番阿斯塔那唐墓出土的直凭几

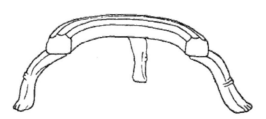

图1-80 河南安阳隋张盛墓出土的弧形凭几

图1-81 敦煌莫高窟唐172窟壁画《观无量寿经变》壶门榻后的屏风

折屏一般为偶数扇，唐代比较多的是六扇，即"六曲屏风"，扇与扇之间互成夹角立于地上，根据空间的需要，可以折叠成可长可短的屏风，屏风之上多绘山水、花鸟，烘托氛围。西安长安县[①]南里王村韦氏唐墓屏风画（见图1-82）就是折屏的六扇屏风画。

图1-82　西安长安县南里王村韦氏唐墓屏风画

（七）储物家具

隋唐五代时期，人们生活精致、讲究，储藏类家具种类更加丰富，箱、匣、盒、笥使用更加普及，橱柜的使用也日渐频繁。储藏类家具按用材分主要有木器、漆器、竹编器、皮质器、金属器等，不同的材质产生不同的造型样式。

竹编器在这一时期使用依然广泛，因为编织技术的灵活、简便，可以制作不同大小、不同造型的器物，来满足不同的使用功能。竹笥的使用依然频繁，有盛放饮食的器具、梳妆器具、文房器具等，《隋唐嘉话》记虞世南曰："昔任彦升善谈经籍，时称为五经笥。"可见笥还用来盛放经书之类。

箱盒类家具多为方形平顶或方形盝顶，盝顶造型更加讲究，颇为流行。唐法门寺地宫出土的鎏金四天王银宝函（见图1-83）和陕西西安南何家村唐代窖藏出土的方盒（见图1-84）都是盝顶造型。

隋唐五代时期，橱柜开始普及，橱柜之别在于柜一般为上开门，橱一般为左右开门。柜多横向放置，按功能分为衣柜、书柜、钱柜、食柜等。西安王家

---

① 长安县：现为长安区。

坟唐墓出土的三彩钱柜（见图1-85），呈长方体，上有盖，盖边有一投钱小口。
橱一般为竖向，左右开门，可以储藏衣物、食物、珍玩等。日本正仓院完整
保存了唐榉木珍宝橱（见图1-86），总高1 000毫米，厚450毫米，上顶橱帽，
中设柱，左右开门，下为六足，足间呈现唐代特有的壶门式，下承托泥。

图1-83 唐法门寺地宫出土的鎏金四天王盝顶银宝函

图1-84 陕西西安南何家村唐代窖藏出土的盝顶方盒

图1-85　西安王家坟唐墓出土的三彩钱柜

图1-86　日本正仓院藏唐榉木珍宝橱

第五节　宋辽金元时期的家具

宋辽金元时期家具的特点是：高型家具普及；以席、床为起居中心的生活方式逐渐过渡到以座椅、桌案为中心；垂足而坐代替了席地而坐；家具分工更为明确，高型坐具的种类也不断丰富，在人们的生活中发挥着重要的作用。

这个时期的家具造型艺术与唐代的富丽豪华有所不同，造型简约秀气，家具线脚、曲线走势丰富多变，结构处理上摒弃了前代不少笨拙盲目的处理方法，多有创新探索、提炼精简，所有这些形成了这一时期独特鲜明的风格特点，也为后期明式家具的高峰奠定了基础。

（一）杌凳

宋辽金元时期，没有靠背的杌、凳、墩的种类开始丰富多彩，不仅有方凳、长凳的使用，还出现了圆凳、鼓墩、绣墩等。造型上也呈现丰富的变化，如梁柱式、有束腰、四平式等。杌、凳、墩是随意的坐具，可以在室内外各种空间使用，因为造型多变、移动方便，使用非常普遍。

方杌也称方凳，即座面正方的凳，若座面呈长方形，则称长方凳，多为梁柱式造型，如宋《春游晚归图》中的马杌（见图1-87）和北宋王居正《纺车图》中的小板凳（见图1-88）。方凳也有四平式，如宋佚名《小庭婴戏图》中的四平式方杌（见图1-89），是由有束腰凳发展而来的。

图1-87 宋《春游晚归图》中的马杌

图1-88 北宋王居正《纺车图》中的小板凳

图1-89　宋佚名《小庭婴戏图》中的四平式方杌

条凳则是供多人共坐的长凳，隋唐时期已经出现，宋时更加普及，造型一般为最简单的梁柱式，即长方凳面下承四腿，腿间设横掌而已。宋张择端《清明上河图》中的茶肆、酒家中到处可见两凳一案的家具组合（见图1-90），凳子即这种条凳。

图1-90　宋张择端《清明上河图》中的条凳

藤墩、绣墩一般座面为圆形，中为外彭开光，下收于圆形底座，早期是用藤条编织，后发展出木墩、漆墩等不同材质的圆墩。南宋刘松年《罗汉图轴》中一罗汉坐于藤编绣墩之上（见图1-91），墩身编织出多道开光，是藤墩的典型样式。

图1-91　南宋刘松年《罗汉图轴》中的藤墩

宋苏汉臣《秋庭戏婴图》中的圆墩（见图1-92）则是受藤墩启发产生的六开光圆墩，表面采用的是黑漆嵌螺钿或黑漆彩绘的处理方法。

图1-92　宋苏汉臣《秋庭戏婴图》中的圆墩

（二）交椅

胡床作为可折叠、携带方便的坐具，自汉代传入中国后一直颇受欢迎，在隋唐之前造型并没有很大的变化。到了宋元之后，胡床的造型有了进一步的发展，即在胡床之上设置了可以倚靠的靠背，即成交椅。交椅有横向靠背、竖向靠背和圆靠背之分，等级明显比胡床要高，制作也精致美观。一般在郊游、狩猎等户外活动使用，如在宋《春游晚归图》（见图1-93）中可见由仆人背负的圆背交椅，可以随时展开供主人休息使用。宋《蕉阴击球图》中则描绘了花园内一妇人坐于交椅之上，前设一案，起身观看击球的场景（见图1-94），交椅绘制严谨精致，三段攒成的竖向靠背亦精心描绘。

图1-93　宋《春游晚归图》中的交椅　　　　图1-94　宋《蕉阴击球图》中的圆背交椅

（三）椅子

这一时期，有靠背的座椅已经普及，等级比杌、凳要高，垂足坐于靠背椅之上、桌案之侧，已经成为普遍的生活方式，座椅、桌案多成套出现，之后设屏风，形成常见的空间布置方式。

靠背椅主要为简单的梁柱式造型，座面下接四腿，腿间连以横撑，靠背自座面直上，以搭脑结束。河南禹州白沙宋墓壁画中墓主夫妇各坐一靠背椅，中间为一高桌，靠背椅背后各有一竖向屏风（见图1-95）。现藏北京辽金城垣博物馆的一对木椅也是简单的梁柱式结构（见图1-96）。北京房山天开村辽代天开塔地宫出土的椅子（见图1-97），长420毫米，宽300毫米，高585毫米，座面呈半圆形，座面下四腿，前面两腿间设双横枨，两侧及后面枨为弧形，与座面呼应。座面上承靠背和扶手，搭脑呈弧形，出头作外展状，靠背横竖材相接，中装饰卡子花。

图1-95　河南禹州白沙宋墓壁画中的桌椅和屏风

图1-96　现藏北京辽金城垣博物馆的金代墓　　　图1-97　北京房山天开村辽代天开
　　　　　出土的木椅　　　　　　　　　　　　　　　　塔地宫出土的椅子

宋代还有一种特殊的"折背样"椅（见图1-98），主要特点是：靠背和扶手是由线材攒成相同高度的矮方框，或高度略有高低变化。这种椅子是明清出现的玫瑰椅的前身，多在文人雅客聚赏品评的环境下出现。

圈椅在隋唐五代发展的基础上又进一步发展变化，椅圈已经形成完整的曲线，与明清圈椅几乎无异，例子见元任仁发《张果老见明皇图》（见图1-99）中，唐明皇坐于一圈椅之上，圈椅前还设脚踏，与圈椅为一套。

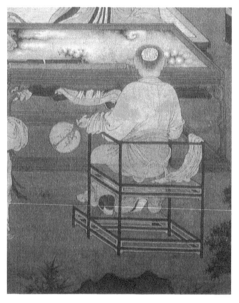 

图1-98　宋佚名《十八学士图》中的"折背样"椅　　　　　图1-99　元任仁发《张果老见明皇图》中的圈椅

（四）桌案

高桌案在隋唐五代发展的基础上进一步发展，宋辽金元时期已经在市井百姓中普及使用，在宋张择端《清明上河图》中可见很多桌凳配合使用的店铺。梁柱式结构的桌案在绘画作品和墓葬中多有出现，结构已趋于简洁坚固，一般由桌面、腿足、牙子和掌子组成，桌面边抹、腿足的线脚可以变化；牙子的造型可以变化；掌子的数量和位置可以变化；这些变化结合起来可以产生丰富的桌案形态变化。有束腰式桌、四平式桌等，多种变化使桌案有了更多的形态表现。

山西大同金阎德源墓出土的案（见图1-100）和现藏北京辽金城垣博物馆的金代木案（见图1-101）都是简单的梁柱式造型，只在案面下的刀牙板略有不同，而陕西蒲城县洞耳村元墓《堂中对坐图》中的案（见图1-102）作云头纹牙子装饰，河南登封黑山沟宋代壁画墓《备宴图》中的案（见图1-103）的牙子一直延伸到整条腿足，形成独特的装饰特色。

图1-100　山西大同金阎德源墓出土的案　　图1-101　现藏北京辽金城垣博物馆的金代墓出土的木案

图1-102　陕西蒲城县洞耳村元墓《堂中对坐图》中的案

图1-103　河南登封黑山沟宋代壁画墓《备宴图》中的案

北京房山天开村辽代天开塔地宫出土的木桌（见图1-104），长555毫米，宽405毫米，高370毫米，桌面下接四腿，腿间连接双枨，前面双枨之上连接矮老，矮老间以卡子花和宝瓶装饰。河北宣化辽张匡正墓壁画中的案（见图1-105）也是相似的横掌加矮老的做法，代表了这一时期典型的桌案样式。

图1-104　北京房山天开村辽代天开塔地宫出土的木桌

图1-105　河北宣化辽张匡正墓壁画中的案

有束腰式桌是宋辽金元时期发展迅速、使用广泛的家具样式，其造型特点是：桌面下不直接连接腿足，而是内收的束腰，然后连接腿足，以马蹄或类马蹄装饰内翻或外翻结束，是与梁柱式家具完全不同的发展轨迹。山西大同冯道真元墓壁画中的方桌（见图1-106）和宋刘松年《唐五学士图》中的长桌（见图1-107）都是有束腰桌的样式。四平式桌是由有束腰桌发展而来的，四平即桌面下不接束腰，而是直接承接四腿，并内翻结束。北宋王诜《绣枕晓镜图》中的长桌（见图1-108）就是四平式，表面髹黑漆，桌面上铺设锦绣，腿足内翻结束。

图1-106　山西大同冯道真元墓壁画中的方桌

图1-107　宋刘松年《唐五学士图》中的有束腰桌

图1-108　北宋王诜《绣栊晓镜图》中的四平式长桌

（五）床榻

　　这一时期床榻依然是人们生活起居的重要中心，休闲会客的榻和专门睡觉的床有了明显的功能区分。榻的尺寸略小，可容一人坐卧，一般在南方使用较多，夏天的时候可以移至室外纳凉消暑，榻一般不设围子，而是在其后另立屏风以分隔空间，挡风聚气。榻旁也会另设桌案之类，放置文房或饮具等。元刘贯道《消夏图》（见图1-109）中就绘制了室外屏风前、小榻上遮阴休憩的场景，榻保留了唐代多足壶门式的做法，尺寸明显变小，造型也趋于简洁。南宋李嵩《听阮图》中的榻（见图1-110）则更简化到榻下只设两腿，腿间一壶门概括，下承托泥。元钱选《扶醉图》中的竹榻（见图1-111）则一改唐代框架式榻的样式，而是采用简单的梁柱式造型，体现了宋元家具的特点。

　　而北方的床榻则一般设三面围板，以避风聚气，这一时期的床围子明显降低，三面围子出现高度的变化，已具明式罗汉床的雏形了。山西大同金代阎德源墓出土了两件木榻（见图1-112），一件三面围子，另一件四面皆设围子，只留出前面三分之一的空间供使用者上下床。床榻下皆为箭腿式足，是比较特殊的案式榻。内蒙古翁牛特旗解放营子辽墓也出土了类似的案式榻（见图1-113），案式榻在隋唐五代时期就已经出现，宋元时期还在制作使用，到了明清时期，则很少见了。

图1-109　元刘贯道《消夏图》中的榻

图1-110　南宋李嵩《听阮图》中的榻

图1-111　元钱选《扶醉图》中的竹榻

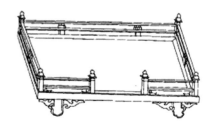

图1-112　山西大同金代阎德源墓出土的两件榻

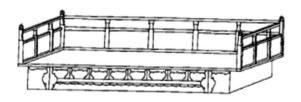

图1-113　内蒙古翁牛特旗解放营子辽墓出土的围子床

（六）屏风

这一时期，屏风依旧使用广泛，分工也开始细化。大屏风置于没有围板的床榻或桌椅之后，也有许多小型屏风置于榻或桌案之上，小巧精致。屏风也不再只是四方框加绘画的简单造型，在屏风上做雕花、委角、攒斗等，使屏风的造型更加灵活多变。

隋唐五代时期后屏风、前床榻的组合依然流行，如北宋王诜《绣栊晓镜图》（见图1-114）和北宋苏汉臣《妆靓仕女图》（见图1-115）中所绘都是这种组合。宋辽金元时期又出现一种后屏风、前桌椅的搭配组合，产生了以桌椅为中心的生活方式，并最终取代以席榻为中心的生活方式。陕西蒲城县洞耳村元墓《堂中对坐图》（见图1-116）中就是两人坐于一对圈椅之上，圈椅之后为一雕琢精致的座屏。四川泸县奇峰镇一号墓壁龛上也雕刻了一件圈椅之后立一座屏（见图1-117），南宋刘松年《罗汉图轴》更是惟妙惟肖地描绘了罗汉坐于藤墩之上、后为座屏的情景（见图1-118）。

（七）储物家具

这一时期的庋具以箱柜为主，造型更加简洁，多为盝顶式，或正方，或长方，或圆形。带抽屉或柜门的橱柜开始增多，也多为方形盝顶式。这类橱柜到明清时期得到了长足的发展。

图1-114 北宋王诜《绣枕晓镜图》中榻后的屏风

图1-115 北宋苏汉臣《妆靓仕女图》中的屏风

图1-116　陕西蒲城县洞耳村元墓《堂中对坐图》中的屏风

图1-117　四川泸县奇峰镇一号墓壁龛上的石刻交椅和屏风

图1-118　南宋刘松年《罗汉图轴》中的藤墩和屏风

　　宣化辽墓壁画中多次绘制了一种竖向、多层抽屉的盝顶箱（见图 1-119、图 1-120），一般在备茶、备经、备宴等场景中使用，柜上为盝顶盖，下为多层抽屉，多在转角处安铜包角加固。河北井陉柿庄六号金墓《捣练图》中绘制了一个方形大柜（见图 1-121），一侍女正上前开柜门取物。宋佚名《蚕织图》中则绘制了一个盝顶橱（见图 1-122），前面两门，一女正开门置物，它是结构比较严谨、造型比较简洁的宋式家具了。

图1-119　河北宣化下八里辽墓壁画《备茶图》中的盝顶箱

图1-120　河北宣化辽张文藻墓壁画《童嬉图》中的盝顶箱

图1-121　河北井陉柿庄六号金墓《捣练图》中的大柜

图1-122　宋佚名《蚕织图》中的盝顶橱

（八）架类

这一时期的家具种类不断丰富，分工更加明确，出现了面盆架、巾架、镜架、灯架等功能细化的架类。山西大同金阎德源墓出土的面盆架（见图1-123）高束腰，束腰间雕"卍"字纹，六条三弯腿，腿间安云头牙子，颇具明代家具的韵味。巾架、镜架、灯架的共同特点是：搭脑处外展，或雕花，或翻云头，别具特色（见图1-124、图1-125）。

图1-123 山西大同金阎德源墓出土的面盆架

图1-124 白沙宋墓壁画中的镜架、盆架和巾架

图1-125 元张士诚母曹氏墓出土的银镜架

第六节 明清时期的家具

　　明清时期我国的政治稳定，经济发展，人们生活水平提高，与各国经济、文化交流频繁，建筑大木作发展成熟。这个时期我国家具的品种都已齐备，功能上充分满足了当时人们的生活需求，结构上巧妙的榫卯结构得到进一步发

展、完善，造型上亦达到了很高的艺术成就，制作工艺也日趋精湛，中国传统家具发展到了高峰。

明代家具主要以漆家具为主，自明代早期开始，延续至明晚，髹漆家具一直占据着举足轻重的地位，上至统治阶级，下至市井百姓都在普遍使用髹漆家具。从明代中晚期到清乾隆之前发展出一种造型简洁、结构精准、尺度合宜的明式家具，是中国古典家具发展到高峰的产物。乾隆以后受统治阶级的审美观和外来文化的影响，发展出装饰繁复的清式家具。

（一）明代漆家具

明代继承了元代高超精湛的髹漆技术，漆饰发展更加繁荣壮大，在整个明清时期的家具发展历程中一直占据着重要的地位。明代200多年的历史中，一直使用着漆家具，柴木为胎，外髹漆，漆首先起到的是加固保护的作用，其次才是装饰美化的作用。宫廷漆家具制作精美，工艺讲究，处理方法丰富，有素漆（使用单色漆称为素漆）、彩绘、描金、描油、填漆、戗划、嵌螺钿、嵌百宝等方法。民间漆家具工艺则简单得多，多为黑漆、紫漆、彩绘等。

因为家具是实用品，历经数百年，明代漆家具很少有传世之作，且家具一般很少留款，这也为鉴定明代漆家具增加了难度。故宫博物院藏有几件有明确年款的明代漆家具，是我们认识明代漆家具的珍品。明代墓葬出土的家具实物、家具明器、明代史料及版画作品，也为我们提供了很好的参考资料。

山东鲁荒王（鲁荒王朱檀，生于洪武三年，卒于洪武二十二年）墓出土了一批家具实物和家具明器，其中一件朱漆供桌（见图1-126），为长1 110毫米，宽630毫米，高900毫米，桌面两端接翘头，下为三弯腿，腿下踩托泥，造型威武大气，有金元遗风。供桌出土时桌面上放置"鲁王之宝"印匣。此件供桌制作简单，工艺粗糙，表面处理也只是朱漆罩面，唯造型比例舒适协调，应该不是朱檀生前使用的家具，而墓中出土的朱漆戗金盝顶箱（见图1-127）则精致了许多，此为衣箱，内有分层，下有抽屉。此墓同时还出土了半桌八张，其中石面桌（见图1-128）长1 100毫米，宽715毫米，高940毫米，为朱漆花石桌面，变体罗锅枨，云头牙子，侧面双枨，造型合宜，比例协调，已具明式家具的风格。鲁荒王墓同时还出土了家具明器一组，种类丰富，造型简洁，有长凳、交椅及脚踏（见图1-129）、桌、架子床、方几、衣架、脸盆架（见图1-130）、巾架、衣箱，以及饮食用具、生活用具等。这批家具明器虽不是实用器，但细节丰富，由此证明了明代初期家具的造型、比例、结构等已趋于成熟稳定。

图1-126　山东鲁朱檀墓出土的供桌

图1-127　山东鲁荒王墓出土的盝顶箱

图1-128　山东鲁荒王墓出土的石面桌

图1-129　山东鲁荒王墓出土的交椅和脚踏明器

图1-130　山东鲁荒王墓出土的衣架和巾架明器

故宫博物院清宫旧藏一剔红孔雀牡丹纹香几（见图 1-131），宽 570 毫米，高 840 毫米，有"大明宣德年制"款。故宫博物院还藏有一件剔红松涛云龙纹箱（见图 1-132），有"大明嘉靖年制"楷书款，亦为剔红家具中的精品。

图1-131　有"大明宣德年制"款的剔红孔雀牡丹纹香几

图1-132　有"大明嘉靖年制"楷书款的剔红松涛云龙纹箱

　　故宫博物院清宫旧藏有一件填漆戗金云龙纹立柜（见图1-133），有"大明万历丁未年制"楷书款。立柜四平式，对开门，柜面采用戗金、填彩技法，工艺精湛，可以代表明万历时期漆家具的特色。故宫博物院清宫旧藏有三件黑漆描金家具，皆有"大明万历年制"款，其中一件为金龙戏珠纹药柜（见图1-134），一件为金龙戏珠纹书格（见图1-135），一件为金龙戏珠纹箱（见图1-136），三件制作都非常精美，后两件还分别使用了嵌螺钿、洒螺钿、嵌金银、平托等技法，配合描金技法，使家具显得典雅华贵，富丽堂皇。

　　清宫旧藏有填漆戗金龙纹罗汉床（见图1-137），背板正中刀刻戗金"大明崇祯辛未年制"楷书款，为明末漆家具的典型代表。

图1-133　有"大明万历丁未年制"楷书款的填漆戗金云龙纹立柜

图1-134　有"大明万历年制"款的黑漆描金龙戏珠纹药柜

图1-135　有"大明万历年制"填金款的黑漆洒螺钿描金龙戏珠纹书格

图1-136　有"大明万历年制"楷书款的黑漆嵌螺钿描金龙戏珠纹箱

图1-137　有"大明崇祯辛未年制"楷书款的填漆戗金龙纹罗汉床

（二）明式家具

明式家具是指一类造型简洁典雅、尺度得体合度的家具，这种家具风格发源于两宋时期，形成于明代中晚期的吴中一带，于明中晚期发展到高峰，在清乾隆之前都有所发展。因形成并盛行于明代，称之为明式家具。

明式家具兴起于明代中晚期的吴中一带，即现在苏州一带，很多明式家具的优秀作品都来自这一地区。苏州虎丘王锡爵墓和上海卢湾潘允征墓都出土了一批家具明器（见图1-138、图1-139），家具明器种类丰富，有官帽椅、方桌、平头案、圆角柜、衣箱、脸盆架、衣架、架子床等，造型简洁，没有多余的装饰，比例合度。潘允征死于万历十七年，王锡爵葬于万历四十一年，两个墓葬出土的明器虽不是实用器，也代表了万历年间明式家具发展的基本状态。

南京博物院藏有黄花梨刀板牙子、梯子掌、圆腿平头案（见图1-140），案的一腿上方刻有："材美而坚，工朴而妍，假尔为凭，逸我百年。万历乙未元日充庵叟识。"，其应为明万历时期制作的家具。故宫博物院藏有铁梨木翘头案（见图1-141），面板底面中部刻有"崇祯庚辰仲秋制于康署"，也是典型的明式家具风格。

图1-138　苏州虎丘王锡爵墓出土的架子床及其他家具明器

图1-139　上海卢湾潘允征墓出土的家具明器

图1-140　有万历年款的黄花梨平头案　　　图1-141　有崇祯年款的铁梨翘头案

明式家具（见图1-142）主要的特点体现在以下几个方面：

（1）造型简洁，装饰适当，比例合度，轮廓曲线张弛合宜，刚柔并济，寓变化于统一。

（2）重视使用功能，符合人体尺度，使用方便舒适。

（3）结构科学精准，加工工艺精湛严谨，家具坚固耐久。

（4）重视材料的选择和搭配，重视木材本身的自然属性，如木材自然的颜色和纹理。

图1-142 各式明式家具

（三）清式家具

清式家具（见图1-143）是指一种重视装饰，雕琢繁复的家具，主要指清乾隆以后到清末民初时期的家具。这一时期，统治阶级好尚装饰，又吸收了部分西方的文化艺术，形成了与明式家具截然不同的装饰风格。

图1-143 各式清式家具

清式家具重视装饰，装饰方法主要由雕刻、镶嵌、漆饰等组成。雕刻有浅浮雕、透雕、镂雕、圆雕等工艺，一般为多种雕刻技法结合使用；镶嵌有嵌木、竹、玉、螺钿、玳瑁、瓷片、百宝等；漆饰的装饰手法主要有填漆戗金、描金、描油等。

清式家具多在家具上使用吉祥纹样，如玉堂富贵、喜上眉梢、五福捧寿、狮子滚绣球、鲤鱼跳龙门、龙凤呈祥等，综合雕刻、镶嵌、漆饰等多种技法实现富丽堂皇的艺术效果。清式家具不仅使用中国传统的吉祥纹样，还吸收西方文化艺术中的纹样，如西番莲、海贝壳等，甚至将西方建筑中的式样直接用在家具中，产生了中西结合的家具风格。

由于清式家具多施雕刻、镶嵌、填漆等装饰手法，到清晚期多数滥施装饰，雕琢繁琐细碎，重观赏而轻实用，渐入末路。

第**2**章
中国古典家具用材

中国古典家具以木材为主要的制作材料，木材因为容易获得、加工方便、相对坚固等优点，受到人们的青睐。人们使用榫卯结构、表面髹漆、披麻挂灰等方法，使家具更加坚固结实，这种木材加工制作家具的方法一直沿用了数千年。

随着木工技术的不断成熟、硬木资源的不断丰富、人们审美水平的不断提高，明代中晚期才真正开始了硬木制作家具的新纪元。硬木材料大多质地致密坚实，木性稳定均匀，色泽温润雅静，纹理生动优美，人们使用硬木制作家具，家具表面处理一般不髹大漆，只是使用蜂蜡或清漆稍作处理，使硬木自身的色泽、纹理很好地展现出来。硬木数量稀少、生长缓慢、出材率低，是昂贵的家具材料，一般只有统治阶级、富豪贵胄才能使用。普通的老百姓只是使用就地取材的软木（也称柴木）制作家具，不同地区适宜生长不同的木种，又因不同地区生活和文化的不同，家具制作呈现了独特的地域风格。

中国古典家具制作以实木为主，主要有硬木和软木之分。在不同历史阶段和不同地域，还使用过铜、铁、藤、竹、瓷、陶等材料。实木制作的家具中，出于功能、结构和装饰的考虑，还使用一些辅助饰件。

第一节　硬木和软木

一、硬木

硬木主要是指生长于热带、亚热带地区的阔叶树种，生长周期长，树干中心为颜色深沉、质地细致、硬度较高的心材，外部为颜色浅淡、质地松软、硬度较低的边材，硬木材料所指就是树干内部的心材。硬木大都木性稳定，质地坚实，色彩沉穆，纹理美观，多用来制作精美的家具，为时人所珍。

（一）紫檀

紫檀，中文学名为檀香紫檀，俗称紫檀、小叶紫檀等，为豆科紫檀属，主要产于印度南部，我国云南、两广亦有生长，但数量很少。紫檀生长缓慢，非数百年不能成材。

"紫檀"一词，早在晋代崔豹《古今注》就有著录。唐已有将紫檀制造器物的现象，日本正仓院藏有数件唐代紫檀制家具器物，元时紫檀的使用更加频繁，多作为小手工艺品、艺术品的重要原料，抑或用作皇宫寝殿的建筑材料。明朝时也有用紫檀制作器物的记载，明刘若愚《酌中志》载："凡御前所用围屏、床榻诸木器，及紫檀、象牙、乌木、螺钿诸玩器，皆造办之。"至清，紫檀沉穆稳重的特点更得统治阶级的青睐，特别是康乾时期，紫檀家具盛极一时。

工匠根据紫檀的表面特点分为金星紫檀、牛毛紫檀和鸡血紫檀。金星紫檀（见图2-1）因紫檀木的导管充满橘红色树胶及紫檀素而使木质表层的棕眼里产生肉眼可见的金星金丝，油性较大，为紫檀之上品。牛毛紫檀（见图2-2）因紫檀木表层的导管线密集卷曲，似牛毛纹而得名。鸡血紫檀是指木材表面少或没有纹理及金星金丝，颜色发暗似鸡血色，不及金星紫檀和牛毛紫檀。

图2-1　金星紫檀

图2-2　牛毛紫檀

紫檀（见图2-3、图2-4）色深紫或黑紫，常带浅色和紫黑条纹，时间越久，颜色越深沉。紫檀木性稳定，质地坚硬，制作家具不易变形，稳重大气。紫檀质地细致坚实，适合雕刻，不少紫檀家具多雕琢繁复，且雕刻方法独特，这种雕刻特点被工匠誉为"紫檀工"。

图2-3　紫檀小箱局部

图2-4　紫檀柜局部

（二）黄花梨

黄花梨，中文学名为降香黄檀，俗称花梨、花黎、花榈、香枝木等，主要产于中国海南岛。

黄花梨早在唐代就已经用来制作家具，明时用黄花梨制作家具、文房用具已为时尚。明末清初谷应泰（1620—1690）《博物要览》载："花梨产交（越南）、广、溪峒，一名花榈树，叶如梨而无花实，木色红紫而肌理细腻，可做器具、桌椅、文房诸具。"

黄花梨（见图 2-5）的颜色呈黄色或金黄色，也有颜色较深至红褐色或深咖啡色。浅色金黄、直纹的黄花梨家具多出现于明末或前清，而红褐、深咖啡色的黄花梨家具一般产生于晚晴或民国。黄花梨纹理交错，有"麦穗纹"，活节处常有纹理狰狞的"鬼脸"（见图 2-6、图 2-7），为藏者钟爱。

图2-5　黄花梨椅的牙子、腿局部

图2-6　黄花梨文具盒上的"鬼脸"

图2-7　黄花梨笔筒局部

　　黄花梨颜色素雅，纹理优美，偶有"鬼脸"纹理，深得贵族阶级和文人雅士的喜爱，用来制作家具和文房用具也多以素面示人，偶做小部分的雕饰，很少繁复雕琢，以保留黄花梨行云流水的纹理，以示自然之美。

　　海南岛的黄花梨自清中晚期就砍伐过渡，数量锐减，近代更是所剩无几，资源殆尽。今人为寻找替代品，于20世纪晚期开始进口越南黄花梨。

　　越南黄花梨（见图2-8、图2-9），为豆科黄檀属，产于越南与老挝交界的长山山脉东西两侧。越南黄花梨心材有浅黄、黄及红褐至深褐色，夹带深色条纹。越南黄花梨颜色、纹理与海南黄花梨相似，但木质发干，缺少油性，纹理略晦涩，不够流畅，却仍不失为黄花梨较好的替代品。

（三）红木

　　红木有广义与狭义之分。广义的红木指2000年国家质量技术监督局发布GB/T 18107—2000《红木》国家标准中2科5属8类33个树种。狭义的红木则专指酸枝木，此书所谈专指狭义的红木概念。红木（见图2-10、图2-11）

专指酸枝木，为豆科黄檀属，一般为三种：黑酸枝、红酸枝和白酸枝，主要产自东南亚、南亚各国。红木一般带有酸醋味，颜色从浅黄至深褐色，带深色条纹，棕眼细长，表面较紫檀、黄花梨粗糙，比重较大。

图2-8 越南黄花梨桌面局部

图2-9 越南黄花梨椅子局部

图2-10 红酸枝桌面局部

图2-11 红酸枝桌子一角局部

红木是清中期以后才从东南亚国家进口而来的家具木材，因其颜色深沉，纹理较好，比重较大，资源丰富，被时人拿来作为补充或替代黄花梨、紫檀的硬木材料，多用于清中晚期、民国时期制作家具，直至今日仍在频繁使用。

（四）花梨

花梨（见图2-12～图2-15）为豆科紫檀属，紫檀属有70个树种，除檀香紫檀为紫檀木外，其他69种应为花梨木。

图2-12　花梨木纹理

图2-13　花梨木衣柜局部

图2-14　花梨木案子局部

图2-15　新下料的花梨木

现在市场上最受欢迎的花梨是"大果紫檀"，产地为缅甸、老挝等，其心材一般为黄或浅黄色，常带深色条纹。因过度采伐，现在可采伐量较少了。"越柬紫檀"产于越南、柬埔寨，入水即沉，其心材一般红褐至紫红褐色，常带黑色条纹。"鸟足紫檀"产地是以老挝、泰国为主的中南半岛热带地区，其心材红褐至紫红褐色，常带深色条纹。"印度紫檀"主要产于南亚、东南亚、所罗门群岛及巴布亚新几内亚，其心材一般为红褐、深红褐或金黄，常常带有深浅相间的深色条纹。

因为花梨颜色、纹理与黄花梨相似，硬度较大，至今仍大批量地用于制作家具。

（五）鸡翅木

鸡翅木（见图2-16～图2-18）又作"鸂鶒木"或"杞梓木"，豆科。鸡翅木不是以植物学角度命名的木材，而是民间匠人根据木材表面纹理形象的称呼。鸡翅木呈黑褐色或栗褐，表面上有鸡翅花纹，名即由此来。明曹昭《格古要论》载："鸂鶒木出西番，其木一半紫褐色，内有蟹爪纹，一半纯黑色，如乌木。"屈大均《广东新语》载："有曰鸡翅木，白质黑章如鸡翅，绝不生虫。"

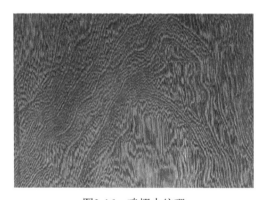

图2-16　鸡翅木纹理

图2-17　鸡翅木纹理

图2-18　鸡翅木桌局部

鸡翅木有新老两种，老鸡翅木肌理致密，紫褐色深浅相间成纹，纤细浮动，给人羽毛灿烂闪耀的感觉；新鸡翅木木质粗糙，紫黑相间，纹理浑浊不清，而且木丝有时容易翘裂起茬。

鸡翅木因其质地较硬，容易打磨，表面纹理优美，经常被用来制作家具，鸡翅木的家具多光素无饰，木匠在制作家具时会反复衡量每一块木料，尽可能把纹理优美的部分用在看面显眼的部分，来展现木材自然流畅的纹理。

（六）铁梨

铁梨（见图2-19～图2-21），亦写作铁力木、铁栗木。明王佐《新增格古要论》载："铁力木出广东，色紫黑，性坚硬而沉重，东莞人多以作屋。"《南越笔记》载："铁力木理甚坚致，质初黄，用之则黑。梨山中人以为薪，至吴楚间则重价购之。"

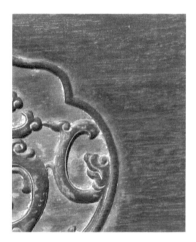

图2-19　铁梨木椅局部

铁梨可细分为粗丝铁梨与细丝铁梨，粗丝铁梨是家具的主要用材，材色呈黑褐色，纹理粗长，表面粗糙，容易起茬，不易打磨光滑；细丝铁梨材色呈红褐色，纹理稀疏细长，手感光滑。

铁梨木多产于广东、广西地区，木质坚硬而沉重，呈紫黑色，为当地百姓制作家具的主要木材之一。因铁梨高大，多用铁梨的大板材制作大案等大件家具。

图2-20　铁梨木座屏局部

图2-21　铁梨木桌局部

（七）乌木

乌木（见图2-22）属柿树科，主要产于中国广西、海南、云南等地，南亚、东南亚各国也有生长。乌木坚实如铁、颜色纯黑、光亮如漆。

《南越笔记》载："乌木，琼州渚岛所产。土人折为箸，行用甚广。志称出海南，一名'角乌'，色纯黑，甚脆。有'茶乌'者，自番舶，质坚实，置水则沉。其他类乌木甚多，皆可做几杖，置水不沉则非也。"

乌木一般用于制作筷子、刀柄、玉器或宝石底座、雕刻与镶嵌用料、二胡及其他乐器等，亦有少数用来制作家具。

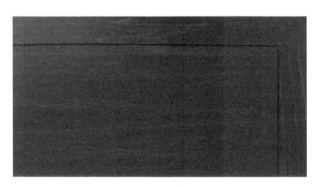

图2-22　乌木

二、软木

软木也称柴木，是相对于有深色心材的硬木而言。软木生长于世界各地，不同地区有不同的树种，生长周期较快，树干心材、边材区分不明显，或没有心材、边材之分。软木是中国制作家具、建筑的主要木材资源。

（一）楠木

楠木（见图2-23～图2-25）或写作"枏"，是樟科中楠属（或称桢楠属）及润楠属木材之统称，多数微带绿色，有特殊气味。楠木是中国一种古老的木种，早在战国时期就有楠木的记载。楠木产自我国四川、云南、广西、湖北、湖南等地。

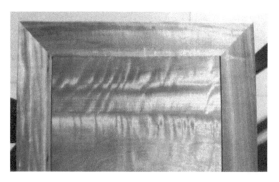

图2-23　金丝楠凳面高光下金丝浮现

图2-24　未髹漆的楠木桌局部

图2-25　新做楠木桌局部

明末清初谷应泰《博物要览》载："枏木生云南、豫章及安南、川、广溪峒中。有三种：一曰香楠，二曰金丝楠，三曰水楠。南方者多香楠，木微紫而香清，纹美；金丝者出川峒中，木纹有金丝，向明视之，的烁可爱。枏木之至美者，向阳处或结成人物、山水之纹；水枏色青，而木质甚松，如水杨之类，惟可作桌凳之类。"

楠木因颜色淡雅、纹理流畅、木质细腻光滑、略有清香，有书香文人之气，多用来做书架、书箱、书匣、册页套板等。宫廷建筑中多以楠木做栋梁之材，皇家殿堂多用楠木做结构部件，并以楠木家具陈设室内。现保存较好的楠木殿堂有承德避暑山庄的澹泊敬诚堂、明长陵的祾恩殿、北海北岸西天梵境内的大慈真如宝殿等。

金丝楠为楠木中珍贵、高价值的木材，金丝楠一般颜色黄中带浅绿，或呈黄红褐色，略带清香，木材表面金丝浮现，在阳光下金光闪闪。香楠多生于海南、云南等地。水楠颜色灰白、材质较轻，没有金丝楠的金光金丝。

（二）榆木

榆木（见图2-26、图2-27）属榆科榆树属，多产于华北地区，如山西、河北、山东等地，当地人因榆木坚实厚重而以"榆木脑袋"来讥讽人思想顽固。因榆木资源丰富、生长迅速、木质坚实、木性稳定，当地人建造房屋、制作家具多就地取材，榆木家具非常普遍。现代市场上制作家具所用老榆木就是旧时老房拆下来的建筑构件，这样的老榆木因为历久而稳定，不易变形，非常适合制作家具。榆木材质坚实厚重，纹理通直，条纹清晰，亦有花纹。北方制作榆木家具多在表面髹漆处理，称作"榆木擦漆"。

图2-26 榆木柜局部

图2-27 榆木桌局部

（三）榉木

榉木（见图2-28～图2-31）亦写作"椐木"，属榆科榉属，主要产于我国南方，北方称此木为南榆，亦有"南榉北榆"之称。榉木边材呈黄褐色，心材通常为浅栗褐色带黄，也有的黄褐至浅红褐色，坚韧细致。榉木纹理优美，多呈宝塔纹，亦有少数呈鸡翅纹。

《中国树木分类学》载："榉木产于江浙者为大叶榉树，别名'榉榆'或'大叶榆'。木材坚致，色纹并美，用途极广，颇为贵重。其老龄而木材带赤色者，特名为'血榉'。"

图2-28　榉木桌局部

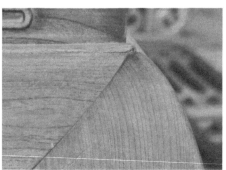

图2-29　榉木桌局部

图2-30　榉木榻局部

图2-31　榉木小凳局部

榉木按颜色可分为：血榉、黄榉、白榉。血榉的颜色为红褐色，主要产于南文山、江浙及安徽、陕西南部等地；黄榉心材呈浅黄色或浅栗色带黄，多产江浙、广西、贵州、四川、湖南等地；白榉心材呈浅淡黄色，产于湖南湘西、重庆秀水及酉阳、贵州等地，尤以湘西为最佳。

　　苏州的榉木家具在明末紫檀、黄花梨家具盛行之前就存在。榉木为江苏苏州、南通一带就地取材制作家具的主要木材，使用广泛，因此，榉木家具颇具规模，且造型多为简洁的明式风格，结构、加工工艺等都颇讲究，这使榉木家具成为特点鲜明的地方家具之一。

（四）樟木

　　樟木（见图 2-32），亦称香樟，属樟科樟木属，主要产于长江流域及南方、西南方各地，最佳者产于江西九江、湘西及贵州铜仁地区。

　　樟木心材以红褐色或咖啡色者为上品，目前市场上的樟木多为白色或浅灰色。樟木有刺激的气味，可以驱虫避蚊，古时多用来制作书箱、衣箱、衣柜等储藏类家具，以木材气味驱虫。因气味过冲，若满彻做家具，多以漆类封面，留出上部分放味，或者仅在家具的背板、抽屉板等小部分使用。

图2-32　樟木衣箱局部

（五）核桃木

　　核桃木（见图 2-33、图 2-34）属核桃科核桃属，多产于华北、西北、华中地区，特别是山西。核桃木心材新切面呈红褐至暗红褐色，久则呈咖啡色，特别是年代久远的旧家具，表面略带浅白灰色，稍加擦拭，则显露咖啡色。核桃木油性很大，表面有光泽，手感油润光滑。核桃木纹理宽窄不一，常带深色条纹，纹理清晰。

　　山西盛产核桃树，当地百姓就地取材，多使用核桃木制作家具。山西家具多为核桃木制作，且造型独具风格。

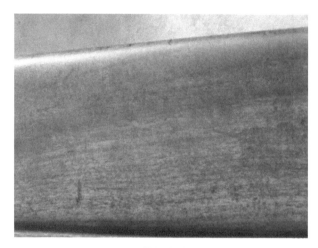

图2-33 核桃木桌面局部

图2-34 核桃木桌局部

（六）柏木

柏木（见图2-35）亦称香柏，属柏科圆柏属，主要产于云南西北部。柏木心材呈暗红褐至紫红褐，木材光泽强，柏木香气浓，生长轮明显，黄色条纹明显。北京匠师认为造家具的柏木以南柏为佳，颜色橙黄，肌理细密匀整，近似黄杨。

（七）柞榛木

柞榛木产于长江中下游及长江以南地区，高大粗硕者以苏北居多。苏北特别是南通地区柞榛木家具（见图2-36～图2-38）较多，柞榛木颜色呈深褐色，年久泛白，有浅黄色条纹，纹理通直清晰，与榉木纹理类似。

图2-35　柏木桌局部

图2-36　柞榛木案局部

图2-37　柞榛木案面一角

图2-38　柞榛桌一角

（八）黄杨木

黄杨木（见图 2-39、图 2-40）属黄杨科黄杨属，主要产于贵州、云南、陕西、甘肃、湖北、浙江、山西、安徽等地。黄杨木心边材不明显，新切面呈鲜黄色，年久则呈淡黄色，俗称"象牙黄"。黄杨木生长缓慢，有"千年矮"一说，故无大料。

李时珍《本草纲目》载："黄杨生诸山野中，人家多栽插之。枝叶攒簇上耸，叶似初生槐芽而青厚，不花不实，四时不凋。其性难长，俗说岁长一寸，遇闰则退。今试之，但闰年不长耳。其木坚腻，作梳剜印最良。按段成式《酉阳杂俎》云：世重黄杨，以其无火也。用水试之，沉则无火。凡取此木，必以隐晦，夜无一星，伐之则不裂。"

黄杨木质坚致细腻，多为小料，用来制作木梳和刻印之用，或为雕琢文玩，因其颜色淡黄，或用于家具器用上作镶嵌材料，很少用整料黄杨制作家具。

图2-39 黄杨木笔筒局部　　　　　　　　图2-40 黄杨木雕局部

（九）楸木

楸木（见图2-41）亦称核桃楸，属核桃科核桃属，主要产于我国东北及华北地区。楸木纹理通直，硬度适中，颜色呈浅褐至栗褐色，表面纹理优美，有的楸木拥有似黄花梨的颜色和纹理。一般用来制作衣箱、书箱、书函等家具。

图2-41 楸木柜局部

（十）柞木

柞木（见图2-42、图2-43）属壳斗科槲树类，产于我国辽东各地，朝鲜亦多，故北京老匠师过去称之为"高丽木"。木性坚韧，浅色质地，有深色条纹。

图2-42　柞木椅局部

图2-43　柞木椅局部

（十一）其他软木

软木资源丰富，种类繁多，除上述提及的之外，还有桑木、柳木、槐木、水曲柳等多种软木。制作家具所用软木多就地取材，物得其用。

三、其他

瘿木（见图2-44、图2-45）亦称影木，不是专指一种木种，而是指木质纹理特征。瘿木多取自树之瘿瘤，为树木生病所致，故数量稀少。《格古要论·异木论》瘿木条载："瘿木，出辽东、山西，树之瘿有桦木瘿，花细可爱，少有大者。柏树瘿，大而花粗。"

瘿木表面木纹、花纹奇丽，有瘿木花中结小细葡萄纹及茎叶之状，被誉为"满架葡萄"或"满面葡萄"。瘿木本身质地松软，花纹满密，不能承重，不能用来做家具的结构部件，而多用作家具看面不承重的部分，如面芯、绦环板等，四周以其他木材镶边，亦有将瘿木做镶嵌装饰使用。

瘿木有楠木瘿、桦木瘿、花梨木瘿、榆木瘿等。

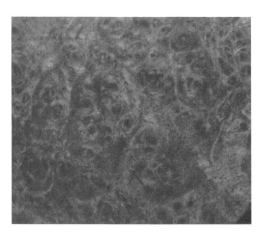

图2-44　瘿木

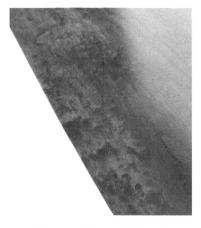

图2-45　花梨木瘿案面局部

第二节　中国古典家具木材搭配

　　中国古典家具所用木材之所以区分硬木与软木，主要是考虑木材的硬度、木性、色泽、纹理、多寡等。古人并不贵硬木而轻软木，而是根据综合考虑将合适的材料用在合适的家具部位上，这样既不浪费材料，又能让材料扬长避短，发挥最大的作用。因此，中国古典家具使用木材一般做法是硬木和柴木搭配使用，物尽其用，而满彻（家具的所有部件都是一种木材制作，一般指硬木）的硬木家具大多是清中晚期以后才出现的。木材在色泽、表面肌理、硬度、粗细、味觉等有着很多的不同，不同的木材有不同的特点。制作家具时多发挥木材的优势，规避木材的劣势，使木材最大程度发挥作用。

　　黄花梨颜色淡雅，纹理优美，大材行云流水，小材"鬼脸"重重。黄花梨家具多素面不琢，着力展示优美的纹理，在家具看面的起眼位置要选择纹理优美的材料。而一些箱、匣、盒等小家具，则使用小材黄花梨，这样的木材花纹更丰富，"鬼脸"纹更密集，具有很高的观赏性。黄花梨木多与铁梨木配合使用制作家具，称作"金邦铁底"，寓意江山永固，铁梨主要用在不露明的部分，如橱柜背板、抽屉底等。不少小巧的盒子匣子，用料不多，也还是搭配铁梨来作盒底和匣底，这不是为了省料，而是出于木材搭配、物尽其用的考虑。在盛产榉木的苏州一带，也有用榉木搭配黄花梨的例子。

　　紫檀颜色肃穆凝重，质地细腻，适合雕刻。紫檀家具在牙子、掌子、柜门等处多雕琢，或浅浮雕，或高浮雕，雕刻与光素的构件搭配呼应。紫檀多与楠木配合使用制作家具，楠木也多使用在不露明的部分。紫檀偏深紫色，楠木偏淡黄色，颜色对比明显，因此也经常将楠木镶嵌在紫檀家具上使用。

红木颜色较深，硬度较大，制作家具时多与瘿木配合使用，特别是苏式家具，瘿木多镶嵌在柜门、椅背、床围子等不承重的部位作装饰，展现瘿木美妙的纹理。而广式家具中红木多搭配石材，石材镶嵌在柜门、椅背、床围子等不承重的部分作装饰，因为广东气候炎热，石材触感冰凉舒适，有辅助降温的作用。

乌木颜色深黑，多与颜色浅淡的黄杨配合使用制作家具，黄杨与乌木颜色对比明显，黄杨一般镶嵌于家具看面位置成纹饰，效果鲜明突出。

楠木性温和淡雅，略有清香，多用来制作书桌、书柜、书架、书盒、书匣等文房家具，一些书函、砚盒也会使用楠木来制作或部分镶嵌。

樟木颜色淡雅，味冲防虫，多用来制作衣柜、衣箱、书箱等需要防虫的庋具，也多在橱柜类家具的后背板、抽屉底等不露明的部分使用以防虫。

第三节　金属辅助材料

（一）金属材料

中国古典家具以木材为主要的材料，也会用其他材料来辅助家具的制作，金属材料就是其中一种。

铁是中国古典家具中较早使用的金属。明及清前期家具常用铁作饰件，或光素无纹，或在铁板上錾阴纹锤上金银丝，其称为鋄[①]金、鋄银的方法，主要做纹饰。

中国古典家具亦使用铜做辅助材料，有白铜、黄铜和红铜之分。白铜为铜、镍合金，呈黄白色，使用越久，颜色越莹亮，明及清前期使用比较多。有的铜饰件在白铜上加一些红铜花纹，系锤合成；黄铜为铜、锌合金，清以后大量使用，到了清晚期和民国则出现红铜鎏金的方式。

金银贵重金属也用在家具中，多为纹样的装饰，如鋄金银，或直接将金银片镶嵌在家具表面。

---

① 鋄，jiǎn，古代一种金属工艺装饰技法。王世襄《明式家具研究》一书中曾有记载。

锡为旧时中国使用较多的金属，多用来制作饮食用具，如酒壶、酒杯，亦作为冰箱里或木质酒具的内里，以作隔湿之用。

（二）金属饰件

金属饰件（见图2-46）一般用在家具的连接、开合、易损等部位，首先是承担一定的实用功能，如抽拉、开合、折叠等，其次是起到局部加强作用，如加固、耐磨等，最后是起到装饰作用，如饰件形状、饰件表面纹饰等，成为家具装饰的一部分。

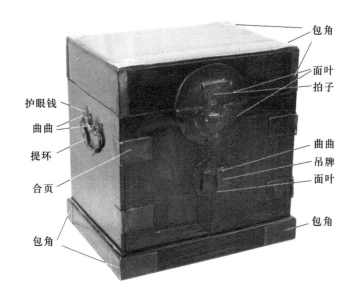

图2-46 平顶官皮箱上的金属饰件名称

1. 面叶

面叶（见图2-47～图2-53），是钉在箱、橱、柜、架正面或抽屉脸的叶片，一般为面叶、钮头、曲曲、吊牌组合使用，如果是有闩杆的家具，闩杆上也会有相应的饰件，面叶一般为条形面叶。

2. 合页

合页（见图2-54～图2-56）亦作"合叶"，即铰链。合页是安装在箱、橱、柜、架的门边和立柱上，使门可以开合。合页由铜轴和包在铜轴上的两片铜板组成，一般为活轴，即将门抬起，就可以把门拆下。合页多使用在有门的方角柜、箱子、橱柜等家具。圆角柜没有合页，圆角柜使用木轴开合柜门。

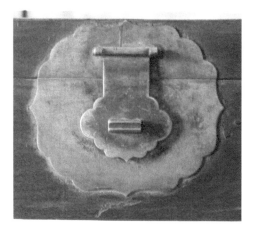

图2-47　长方盒上的面叶

图2-48　衣柜上的面叶

图2-49　长方盒上的面叶

图2-50　官皮箱上的面叶

图2-51　长方盒上的面叶

图2-52　衣柜上的条形面叶

图2-53　衣柜上的条形面叶

图2-54　衣柜上的合页

图2-55　衣柜上的合页

图2-56　柜子上的合页

　　面叶、合页的造型多变，有方形、方形抹角、方形委角、圆形、葵花形、六边形抹角、八边形抹角、寿字形、蝴蝶形等，还会在轮廓处作云头、卷草等变化。合页或单独使用，或和面叶组合使用，组合使用的合页和面叶的造型（见图2-57）一般具有一致性，只在细节上做少许变化。

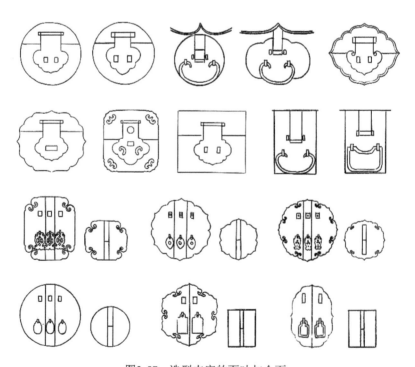

图2-57　造型丰富的面叶与合页

3．钮头

钮头（见图 2-58）是箱、橱、柜、架面叶上高起有孔的装置，可以穿锁钉，在锁钉的一端上锁，也可以直接上锁使用。如果是有闩杆的家具，闩杆上也会有相应的钮头。钮头或圆或方，方形则做抹角或委角处理，在体量和造型上与合页、面叶相呼应。

4．曲曲

曲曲（见图 2-58）是金属条两头对弯，中部形成圆圈，两头穿透家具木板，用盘头的方法与家具木板结合，圆圈内穿拉环或提环（见图 2-59）。

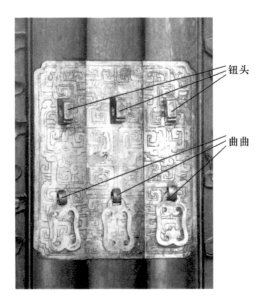

图2-58　条形面叶上的钮头和曲曲

图2-59　柜子抽屉脸上的曲曲和拉环

5. 拉手

拉手是柜门或抽屉脸上的金属饰件，主要由拉环和吊牌组成。拉环（见图2-60）是环形的拉手，多用作抽屉拉手等处。吊牌（见图2-61、图2-62）是箱、橱、柜、架面叶上用作拉手的牌子，用曲曲固定在面叶上。吊牌的造型变化更加丰富（见图2-63），有长方形、椭圆形、古瓶形、双鱼形、环形、双环形、云头形等。

图2-60 闷户橱抽屉脸上的拉环

图2-61 官皮箱上的吊牌

图2-62 衣柜上的吊牌

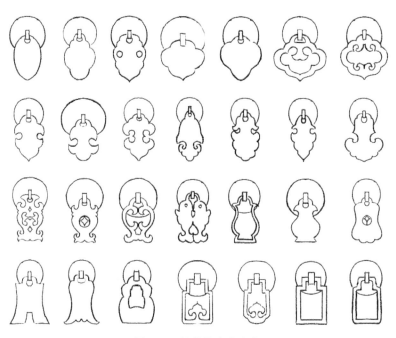

图2-63　吊牌的丰富变化

6. 提环

提环（见图 2-64 ～图 2-68）是安在箱、匣两侧用作搬运提拉的饰件。提环的造型多与拉环相同，只是使用功能不同，提环因承重较大，会比拉环大而厚重。

图2-64　冰箱上的提环

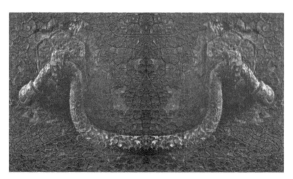

图2-65　衣箱上的提环

图2-66　长方盒上的提环

图2-67　官皮箱侧面的提环

图2-68　长方盒上的提环

7. 挂环

　　挂环（见图 2-69）是安在挂屏或画框之上，用于勾挂在墙上的钉子上。因挂环不是手提，对造型没有诸多限制，可以出现更多丰富的变化。

图2-69　画框上的挂环细节

8. 护眼钱

护眼钱（见图 2-70、图 2-71）是安装在轴钉帽与家具之间的金属片，以防磨损钉眼及家具表面。护眼钱的造型也有多种变化，可以是圆形、方形、葵花形、海棠形、梅花形等，还会在轮廓处作云头、卷草等变装饰。

图2-70　交椅上的护眼钱

图2-71　交椅上的护眼钱

9. 拍子

拍子（见图 2-72）在箱匣面叶上面，固定在盖上，合上盖后，拍子放下，套在箱子面叶上的曲曲上。拍子的造型一般为如意云头形，在细节上可以出现丰富的变化。

10. 包角

包角（见图 2-73 ～图 2-76）是镶钉在家具转角处的金属饰件，主要起到加固耐磨的作用。包角一般做成如意云头造型，也有在表面做鎏金、錾花、锤合等装饰处理。

图2-72　长方盒面叶上的拍子

图2-73　文具盒上的包角

图2-74　长方案上的包角

图2-75　长方桌上的包角

图2-76　长方桌上的包角

第3章

中国古典家具的结构与构件

第一节 榫卯结构

榫卯结构是中国木建筑特有的连接结构，早在七千年前新石器时代的河姆渡文化遗址中就发现了木质干阑式建筑遗址，其中木构件之间的连接已经出现了榫卯结构。榫卯结构历经数千年的延续与进化，已经发展得科学严谨。建筑与家具有着紧密的联系，家具的榫卯结构是在吸收建筑榫卯基础上的发展和演变，使其适合小木作的精准与精致。榫卯结构发展到明及清前期，臻于成熟完善，既符合力学原理，简单精准，又能与造型充分结合，实现结构美和造型美的融合。

不同构件之间的榫卯连接方式多种多样，相似构件之间的榫卯连接也可以有多种方式，选择什么样的榫接结构受木材特性、木工水平以及制作成本等多种因素影响。

一、面板的连接

面板连接在榫卯结构中较为常见，一般的木板不够宽，多块木板拼接在一起成宽板，也有面板和面板垂直拼接成转角的情况。

（一）攒边加薄板拼接

家具中的桌面、座面、柜门、柜帮、柜背等（见图 3-1～图 3-3）面材一般采用了多块薄芯板拼接，并用四边框攒起来的做法，称为"攒边"做法。

芯板之间拼接采用了龙凤榫，芯板一边凿出燕尾形榫头，另一边凿出相应的卯眼，多块芯板榫头卯眼相接成宽面（见图 3-4）。薄板的厚度在 10 毫米左右，一般不超过 20 毫米。

图3-1　方杌的座面　　　　　　　　　　图3-2　平头案的案面

图3-3　方角柜的柜门、柜帮和柜背　　图3-4　龙凤榫拼接薄板

龙凤榫

细薄板通过龙凤榫接成宽板

宽面拼接成后，在与拼接方向成垂直的角度，开燕尾形的槽，称为"带口"，另做一根长木条，亦凿出燕尾状的长榫，称为"穿带"（见图3-5）。带口和穿带都是一端稍窄，一端稍宽，穿带由宽处推向窄处穿紧。穿带两端出头与四框相接，拼接成的宽面四周出榫头，称为"边簧"（见图3-6），以便与四边框榫接。

攒边做法（见图3-6、图3-7）是边框由四根较厚木条组成，长边出榫称为"大边"，短边凿眼称为"抹头"。如果木框为正方形，则出榫的为大边，凿眼的为抹头。大边和抹头或透榫露明连接，或半榫隐藏，偶用楔子加固，这种榫卯称作格角榫，四边框凿卯眼承接穿带的出榫和木板的边簧。攒边做法既可以使木板之间的应力相互抵消，不易变形，又可以将木板不美观的截面纹理隐藏于攒边之内。

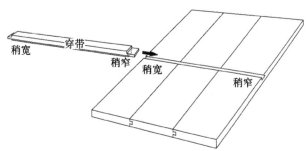

穿带凿出燕尾状榫头，芯板挖出燕尾状卯眼，
且榫头和卯眼都是一端稍宽，一端稍窄，穿带
从宽处推向窄处穿紧。

图3-5 穿带

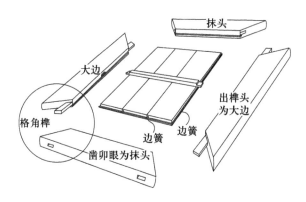

大边和抹头攒成边框，与芯板榫接，穿
带亦出榫与大边榫接。

图3-6 格角榫和攒边做法

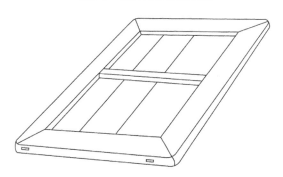

攒边做法既可以使木板之间的应力相互抵消，不易变形，
又可以将木板不美观的截面纹理隐藏于攒边之内。

图3-7 攒边做法

105

（二）厚板拼接加抹头

　　家具中的架几案、条案面板、罗汉床围子（见图 3-8 ～图 3-10）有使用厚板制作的例子，用单独一块厚板或几块厚板拼接成宽面。罗汉床围子的厚度一般在 30 ～ 40 毫米，架几或条案面板的厚度则在 70 ～ 80 毫米。厚板相对薄板稳定，不易变形，无须攒边做法，两板之间或栽直榫，或栽走马销拼接（见图 3-11、图 3-12）。

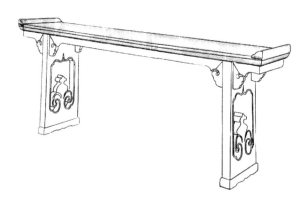

图3-8　翘头案的独板案面

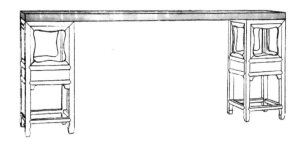

图3-9　架几案的独板案面

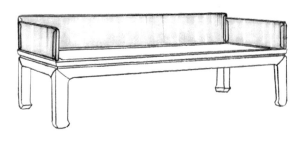

图3-10　罗汉床的独板床围

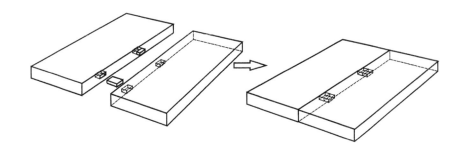

使用栽直榫连接两厚板。

图3-11　栽榫拼接厚板

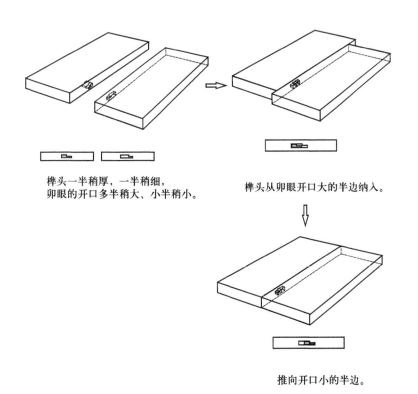

榫头一半稍厚，一半稍细，
卯眼的开口多半稍大、小半稍小。

榫头从卯眼开口大的半边纳入。

推向开口小的半边。

图3-12　走马销拼接厚板

厚板拼接后，为坚固拼接，防止变形，也为隐藏截面纹理，多使用格角榫在厚板首尾加抹头的做法。厚板出榫和抹头上卯眼的连接可以是透榫或半榫（见图 3-13、图 3-14）。

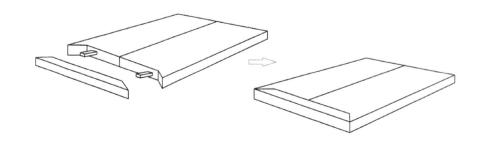

厚拼板用抹头堵头，出半榫。

图3-13　厚拼板或厚独板加堵头做法——出半榫

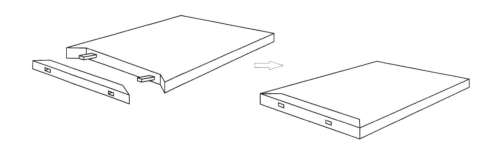

独板都用抹头堵头，出透榫。

图3-14　厚拼板或厚独板加堵头做法——出透榫

（三）面板垂直拼接

衣箱、官皮箱、提盒、镜台以及橱柜抽屉等（见图3-15～图3-19）立板与横板之间的垂直连接方法有明榫燕尾拼接（见图3-20）、半明榫燕尾拼接（见图3-21）、闷榫燕尾拼接（见图3-22）。后者最为讲究，拼接后只见一条缝，对木工技术要求很高。一般三块厚板组成的条几或琴几，两厚板之间就是用闷榫燕尾拼接的。

案形家具吊头下的正面牙条和侧面牙条的拼接（见图3-23）有一种勾挂拼接的方式，两面牙条在垂直相接的斜面上各裁出Z形的曲线，两者勾挂一起即可（见图3-24），但不及前面方法坚固。更多的偷手做法是正面牙条和侧面牙条L形接触，然后粘接（见图3-25）。

图3-15　衣箱的横立板连接

图3-16　官皮箱的横立板连接

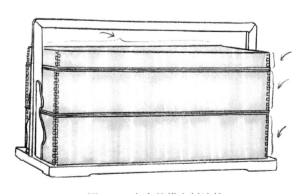

图3-17　食盒的横立板连接

图3-18　闷户橱抽屉的横立板连接

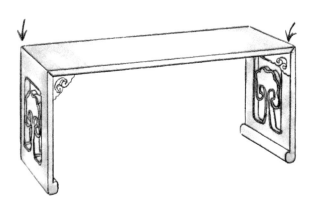

图3-19　条几的两板连接

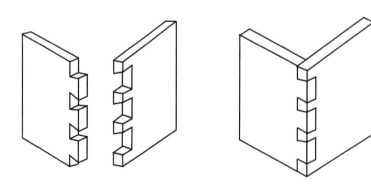

图3-20　面板明榫燕尾拼接

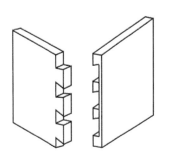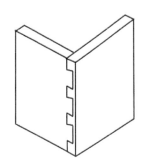

图3-21　面板半明榫燕尾拼接

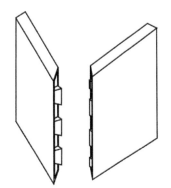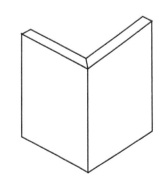

图3-22　面板闷榫燕尾拼接

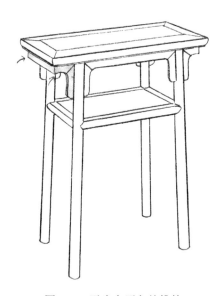

图3-23　平头案牙条的榫接

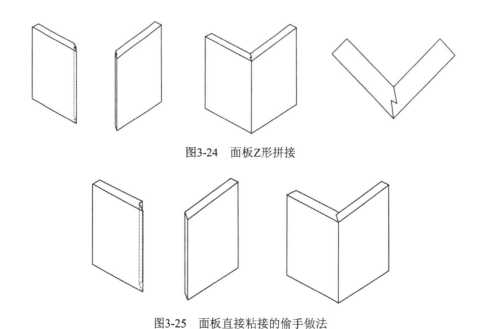

图3-24　面板Z形拼接

图3-25　面板直接粘接的偷手做法

二、面板与线材的连接

面板与线材的连接是中国古典家具常见的榫卯连接，如面与腿的连接（见图 3-26）。面与腿的连接是腿上部出榫，与面上的大边或抹头榫接，因家具的造型不同而使用不同的榫卯结构。若面上已有榫卯，则要避开再做榫接，避免结构更复杂。

图3-26　有束腰八仙桌面与腿的连接

在有束腰家具中，面与腿的连接有长短榫、抱肩榫、挂榫等。在梁柱式家具中，面与腿的连接有夹头榫、插肩榫等。在四平式家具或橱柜四角，面和腿之间采用综角榫连接。

（一）长短榫

长短榫（见图3-27）是在腿上部凿出长短不同的两个榫头，与面上的卯眼相接，因两榫头高低不同，可使连接更加稳固。长短榫可以单独使用，也可以是其他榫卯的一部分，如夹头榫、抱肩榫、挂榫等都会使用长短榫与面连接。

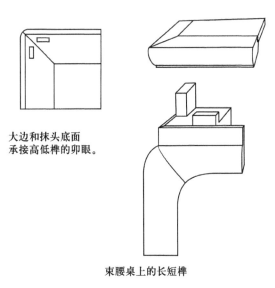

大边和抹头底面
承接高低榫的卯眼。

束腰桌上的长短榫

图3-27　有束腰桌上的长短榫

（二）夹头榫

夹头榫是案类家具（见图3-28～图3-30）常用的榫卯结构之一。正规的夹头榫是腿足两端的牙头和牙条都是一木连做。腿足上端开长口，夹住牙条和牙头，并在上部使用长短榫与案面结合（见图3-31）。

在实际家具制作中，有不少夹头榫外观相同，结构不同的做法（见图3-32、图3-33）。一种做法是：腿足两端的牙头不是一木连做，而是分做榫接，制作时在腿足上部开口和开槽，牙头与牙条合掌相交，嵌在腿上截两侧的槽口之内（见图3-32）；另一种做法是：连牙条也分段做成，嵌入腿足上截两侧的槽口之内（见图3-32）。这两种做法都没有正规的夹头榫坚固耐用，为偷手的做法，清代中晚期以后广泛使用。

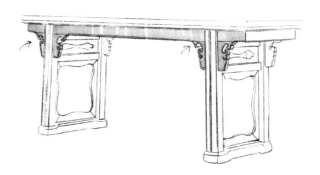

图3-28 平头案上的夹头榫

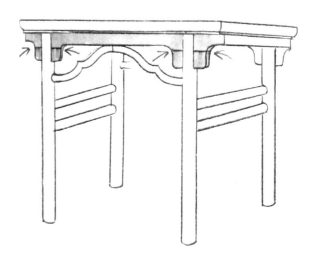

图3-29 酒桌上的夹头榫

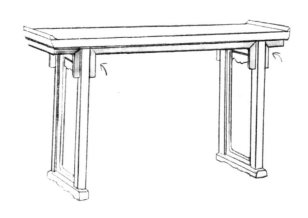

图3-30 翘头案上的变体夹头榫

夹头榫嵌夹牙头和牙条，腿上部长短榫与案面榫接。

图3-31 夹头榫

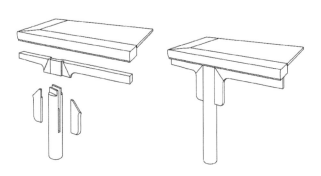

夹头榫嵌夹牙条，牙头与牙条合掌相交，嵌在腿足的槽口上。

图3-32 变体夹头榫偷手做法一

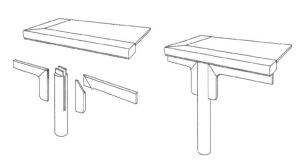

腿足开槽，牙头、牙条合掌与揣揣榫相接，最后嵌入槽内。

图3-33 变体夹头榫偷手做法二

（三）插肩榫

插肩榫也是案类家具（见图 3-34）常用的榫卯结构之一。腿足上端亦开长口，夹住牙条（见图 3-35），与夹头榫不同之处在于腿足上部削出斜肩，同时牙条亦削出承接斜肩的槽，腿足夹住牙条，并与面榫接。腿足的榫卯不仅夹住牙条，还给牙条以向上支撑的力。

图3-34　剑腿平头案上的插肩榫

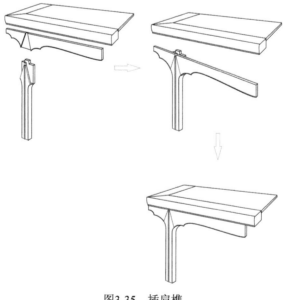

图3-35　插肩榫

（四）抱肩榫和挂榫

抱肩榫是有束腰结构家具（见图3-36）中常用的榫卯结构之一，在腿足上部承接束腰和牙板的部位，切出45°斜肩，并在斜肩向内凿出三角形卯眼，相应的牙条亦作45°斜肩，并留出三角形榫头，两相扣接，严丝合缝（见图3-37）。

图3-36　有束腰方机上的抱肩榫

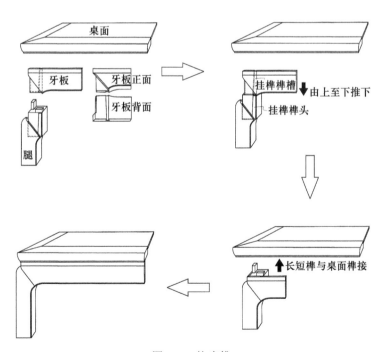

图3-37　抱肩榫

117

挂榫是有束腰结构家具中常用的榫卯结构之一，是和抱肩榫联合使用的，在抱肩榫的基础上，腿足上端留出上小下大、燕尾形的挂销，牙条背面亦凿出相应的上小下大、燕尾形的槽口，将牙条从上向下扣接，抱肩榫和挂榫同时承接，结构更加坚固（见图3-37）。

（五）齐牙条

齐牙条一般用在腿足肩部雕兽面、足下雕虎爪的桌上（见图3-38），主要为了避免常见的格肩处理方法破坏兽面的完整。做法是牙条出榫头，插入兽面腿部侧面的卯眼。兽面腿部与面的连接依然是长短榫（见图3-39）。

图3-38　炕桌兽面上的齐牙条

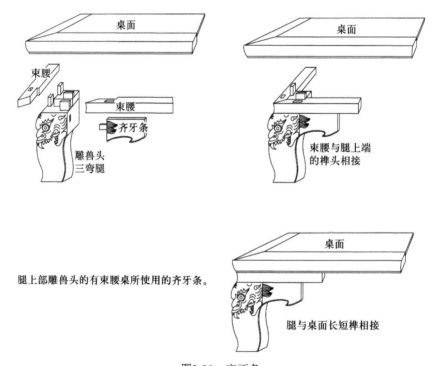

图3-39　齐牙条

（六）综角榫

综角榫是在格角榫基础上连接竖向的腿足而成，多用在四面平造型家具或橱柜四角（见图3-40～图3-42）。面上大边抹头仍然用格角榫，只是在下部各切出45°的斜肩，并在下部各凿出长短不同的卯眼。下部的腿足切出相应的斜肩，并凿出长短榫的两长短榫头，斜肩和长短榫相应扣合，成三相一体的完整一角（见图3-43）。

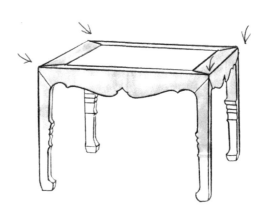

图3-40　四平式方杌上的综角榫

图3-41　柜架上的综角榫

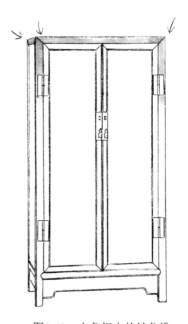

图3-42　方角柜上的综角榫

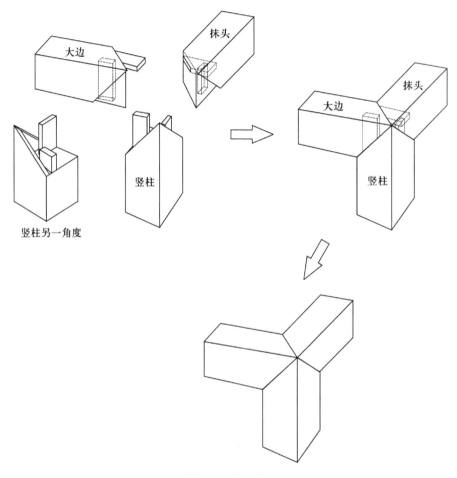

图3-43　综角榫

（七）霸王枨和勾挂榫

霸王枨主要用在有束腰或四面平的家具（见图 3-44、图 3-45）中，用于连接桌面和腿部，以弥补腿间横枨的不足。霸王枨一般呈 S 形，上端落在桌案面的穿带上。如果为方形桌案，且体量合适，则四条霸王枨上端都落在桌案面中心的穿带上，且用一宝盒盖住以美观；如果为长方形桌案，则四条霸王枨上端落在两边的穿带上。霸王枨上端与穿带使用销钉连接固定，下端与腿足上部以勾挂榫连接（见图 3-46）。

霸王枨下端与腿足上部以勾挂榫连接，霸王枨下端的榫头向上勾，并做成燕尾形，腿足上的卯眼亦成燕尾形，下大上小。榫头从卯眼下部口大处插入，向上推到卯眼小处，就勾挂住了，在卯眼下部的空隙内塞木楔，榫头就固定在上部，无法脱落。想要拆卸下来，只要把楔子打出，榫头就可以下来了（见图3-47）。霸王掌通过弯曲的 S 形，将桌面受到的力传递到腿足上，保证桌面承重稳定坚固。霸王掌保证家具稳定坚固的同时，又塑造了优美的曲线，通过温婉的 S 形曲线实现了力的传递，刚柔相济。

图3-44　八仙桌上的霸王掌

图3-45　香几上的霸王掌

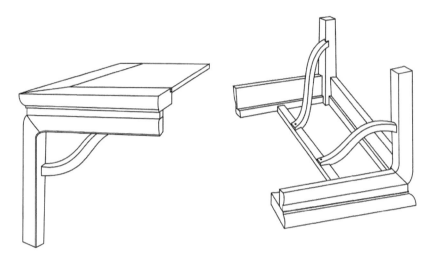

霸王枨

长方桌的霸王枨上端与
两端穿带销接。

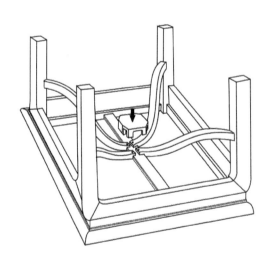

方桌的霸王枨上端与正中
穿带中心销接，后用宝盒
盖住。

图3-46　霸王枨

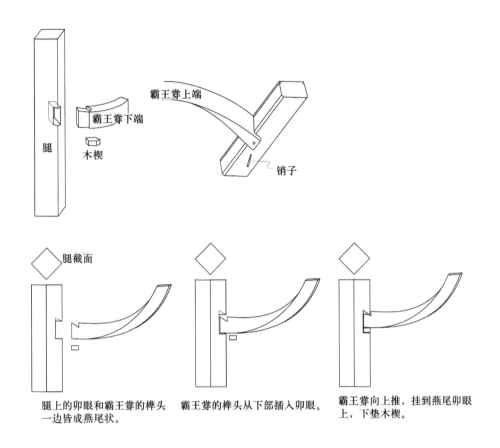

图3-47 霸王枨结构：霸王枨上端与面下穿带销子连接，霸王枨下端与腿勾挂榫连接

三、线材与线材的连接

线材与线材的连接主要有枨与腿的连接、枨与枨的连接等，主要有齐头碰、格肩榫（实肩、虚肩）、楔钉榫等。

（一）圆材相接

圆材相接的情况比较常见，如在官帽椅、衣架和面盆架的搭脑和后腿上沿相接处；扶手与鹅脖、联帮棍相接处（见图 3-48）；桌案腿足与横枨相接处等都会出现（见图 3-49）。圆材之间的拼接又因为不同的情况出现不同的拼接方法。

123

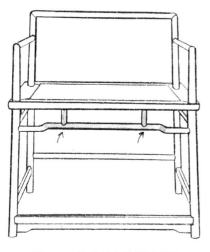

图3-48　扶手椅上的圆材相接　　　　　　图3-49　平头案上的圆材相接

当圆形横竖材垂直"丁"字形相接时，其横竖材直径相同或不同时会有不同的榫卯细节处理方法。

一种情况是圆形横竖材直径相同时，则横材一端两边皆留肩，中间出榫头，这样横竖材相交处有两面都出肩交圈（见图 3-50）。

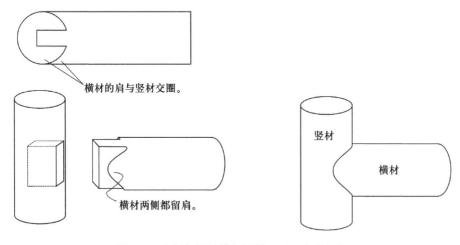

横材的肩与竖材交圈。

竖材

横材

横材两侧都留肩。

图3-50　直径相同的横竖圆材"丁"字形相接

一种情况是当圆形横竖材直径不同时，以圆形竖材直径大于圆形横材为例，反之亦然。因为竖材直径较大，横竖材外皮不能交圈，会有两种处理方法：一种是细一些的圆材的两边依然留肩，中间出榫头，但外皮不与粗一些的圆材交圈（见图 3-51）；另一种情况是细一些的圆材一边外皮留肩，与粗一些的圆材交圈。细一些的圆材另一边无肩，中间出榫头。这样榫子肩下空隙较大，有飘举之势，故有"飘肩"之称，北京匠师则因形称其为"蛤蟆肩"（见图 3-52）。

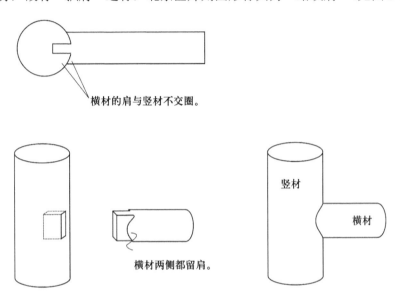

图3-51 直径不同的横竖圆材"丁"字形相接做法一

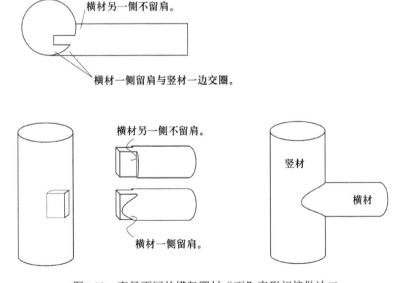

图3-52 直径不同的横竖圆材"丁"字形相接做法二

当圆形横竖材"L"形拼接时，其榫接方法也有多种。一种是：在圆包圆家具（见图3-53、图3-54）中使用的"裹腿掌"。裹腿掌是正面、侧面两横掌交于腿足，作包腿之状，类似竹制家具中竹材煨烤弯成的掌子。其方法是：腿足榫接的小段切成方形，两掌子格角相接，出榫头纳入腿足上的卯眼。两掌子的榫头或同长相抵，或一长一短相抵（见图3-55）。

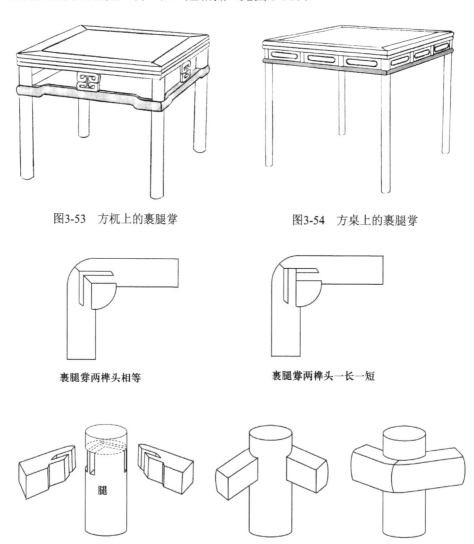

图3-53　方杌上的裹腿掌　　　　　　　图3-54　方桌上的裹腿掌

裹腿掌两榫头相等　　　　　　　　　　裹腿掌两榫头一长一短

腿

图3-55　横竖材"L"形榫接——裹腿掌

另一种是南官帽椅、玫瑰椅搭脑和后腿上截,扶手和前腿上截的拼接(见图3-56、图3-57)。或各出单榫接入各自相应的卯眼中;或一端单榫,一端双榫,接入相应的卯眼中;或将一圆材做成圆弧转向,并凿卯眼,与另一圆材的榫头相接,工匠称其为"挖烟袋锅"做法(见图3-58)。

楔钉榫是用来连接两段弧形弯材的榫卯,圈椅的椅圈及圆形几面和圆形托泥(见图3-59、图3-60)就是用楔钉榫来制作的。楔钉榫两弯材连接部分各截去一半成半圆,上下搭合,所留半圆材顶端各出小榫头,插入对方的相应卯眼里,使两弯材不能上下移动,榫头又有露明和隐匿之分,然后在两弯材连接处中部凿方孔,一头略窄,一头略宽,将一块方形,头粗尾细的楔钉穿过方孔,使两弯材不能左右移动,于是两个弯材就紧密连成一体了(见图3-61)。

楔钉榫也用在圆形坐具的边框攒接以及圆形托泥。处理弧形弯材攒接的方法还有逐段衔夹的做法,即每一段一端开口,一端出榫,逐一嵌夹(见图3-62)。

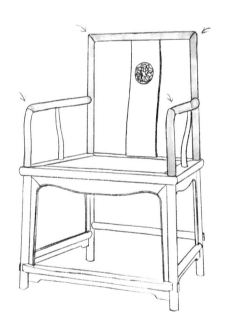

图3-56 南官帽椅搭脑和扶手上的"L"形榫接

图3-57 南官帽椅搭脑和扶手上的"挖烟袋锅"做法

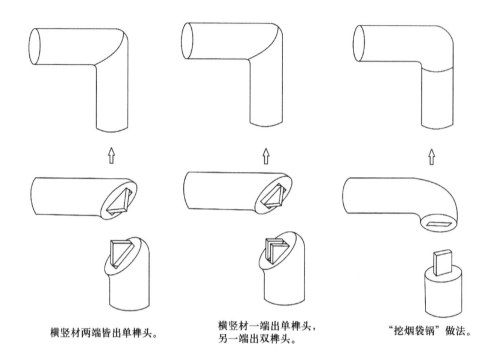

横竖材两端皆出单榫头。　　　横竖材一端出单榫头，　　　"挖烟袋锅"做法。
　　　　　　　　　　　　　　　另一端出双榫头。

图3-58　横竖材"L"形榫接

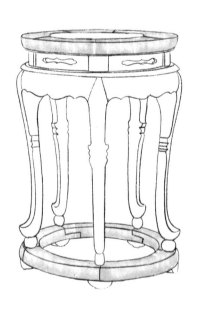

图3-59　圈椅椅圈上的楔钉榫　　　图3-60　香几几面和托泥上的楔钉榫

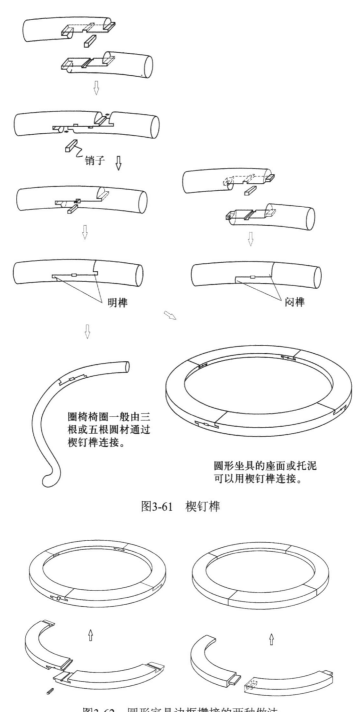

销子

明榫　　　闷榫

圈椅椅圈一般由三根或五根圆材通过楔钉榫连接。

圆形坐具的座面或托泥可以用楔钉榫连接。

图3-61　楔钉榫

图3-62　圆形家具边框攒接的两种做法

（二）方材拼接

齐头碰（见图3-63、图3-64）亦称齐肩膀，是横竖方材连接时常用的榫卯之一。齐头碰榫即横向线材直接出榫，与竖向线材的相应卯眼连接。齐头碰有透榫和半榫之分。透榫即榫头穿透竖向线材而露明，为保证坚固，多在露明的榫头上打入楔子，称为破头楔；半榫即榫头藏匿竖向线材之内，不露明。透榫和半榫比较而言，透榫更加坚固，半榫更加美观。齐头碰还有"大进小出"的做法，即把榫头的一半变短，一半不变，变短的一半不露榫头成半榫，不变的一半露榫头成透榫。这样做的目的是能在复杂的榫卯结合处互让，保持接榫处的坚固（见图3-65、图3-66）。

图3-63　架格上的齐头碰

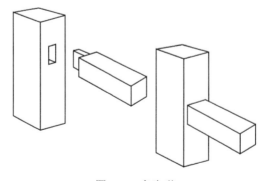

图3-64　齐头碰

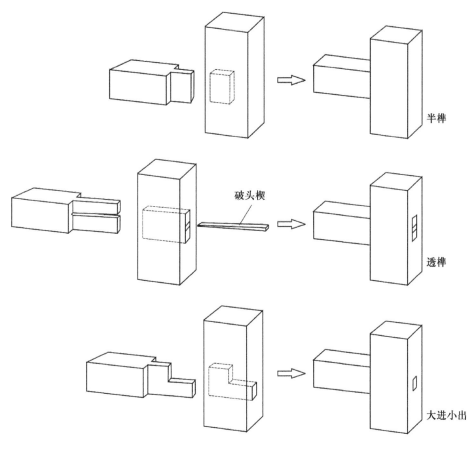

破头楔

半榫

透榫

大进小出

图3-65　齐头碰的三种做法

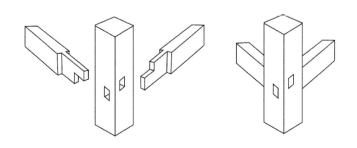

两横撑交于竖撑一点，
榫头各有大进小出，可
以相互避让。

图3-66　齐头碰的榫卯避让

格肩榫（见图3-67、图3-68）也是横竖线材连接时常用的榫卯之一。保留齐头碰的榫头，多出格肩部分与竖向线材连接。格肩可以辅助榫头承担一部分压力，也能影响家具的造型细节。格肩榫（见图3-69）有大格肩和小格肩之分。大格肩是指格肩为尖角，竖材相应的亦为尖角槽口。大格肩又有实肩与虚肩之分，实肩是指榫头和格肩贴合，没有空隙；虚肩是指榫头和格肩之间又凿去一段而分开，分别插入各自的槽口。虚肩比实肩多了部分榫接而更加坚固，但仅适合于横竖材用料较大的情况下，否则用料小，榫头细，反倒没有实肩坚固。小格肩是指格肩削去尖角成梯形。小格肩只有实肩，相对于大格肩的优势是可以减少竖向线材截去的面积而使竖向线材更坚固。

$$格肩榫\begin{cases}大格肩（实肩、虚肩）\\小格肩（实肩）\end{cases}$$

揣揣榫主要用在牙头和牙条的拼接上（见图3-70、图3-71），一般为各出榫头和卯眼，相互插接，做法也有多种。一种是：牙头、牙条的两面都格肩，各出榫头卯眼相互插接（见图3-72）。另一种是：牙头、牙条的正面格肩，背面齐头碰做法（见图3-73），牙条上有卯眼接收牙头上的榫头，而牙头上没有卯眼，只与牙条合掌式相交。

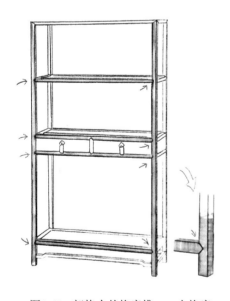

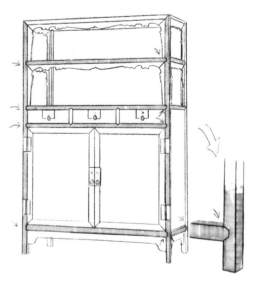

图3-67　架格上的格肩榫——大格肩　　　　图3-68　架格上的格肩榫——小格肩

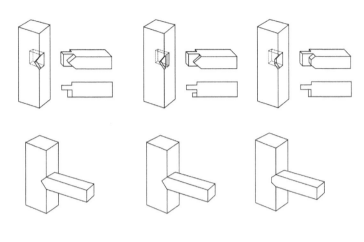

大格肩（实肩）　　　大格肩（虚肩）　　　小格肩

图3-69　格肩榫

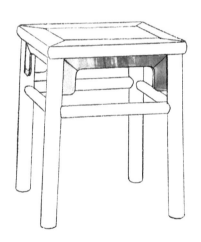

图3-70　方机上的牙条

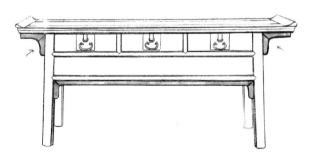

图3-71　闷户橱上的牙条

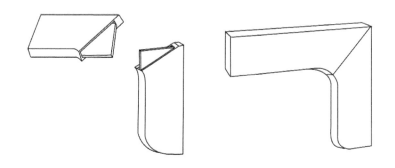

牙头、牙条的两面都格肩，各出榫头卯眼相互插接。

图3-72　牙头、牙条连接做法一——两面格肩

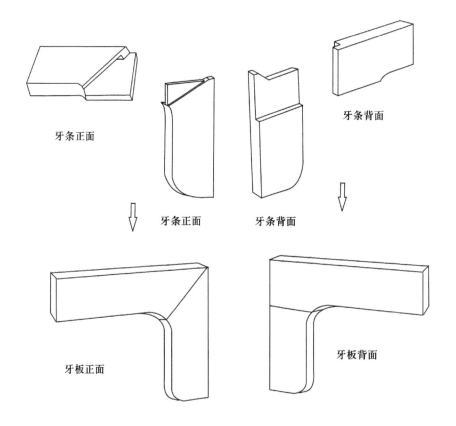

牙头、牙条的正面格肩，背面齐头碰。

图3-73　牙头、牙条连接做法二——正面格肩，背面齐头碰

除揣揣榫外，牙头和牙条的连接还有几种偷手做法。一种做法是：嵌夹式（见图3-74），牙头和牙条格肩相交，一端出榫头，一端凿卯眼，榫卯相接，一般榫头和卯眼都较浅，不甚坚固；一种做法是：合掌式（见图3-75），牙头的一端前半格肩，后半不动，牙条的一端后半格肩，前半不动，牙头、牙条合掌相合，因没有插接，只能胶粘；一种做法是：栽榫式（见图3-76），牙头和牙条都格肩，各开卯眼，中插入木楔，代替榫头。这几种做法略显简陋，也不够坚固，不及揣揣榫。

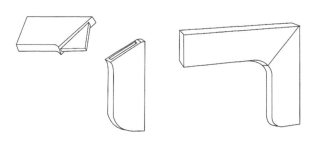

嵌夹式，牙头和牙条格肩相交，一端出榫头，一端凿卯眼，榫卯相接。

图3-74 牙头、牙条连接偷手做法一——嵌夹式

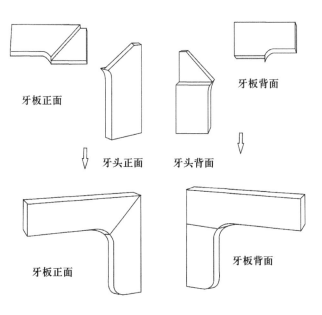

合掌式，因没有插接，只是搭在上面，所以只能胶粘。

图3-75 牙头、牙条连接偷手做法二——合掌式

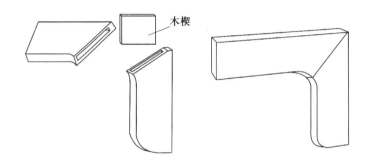

裁榫式，牙头、牙条的两面都格肩，各出卯眼，以木楔插接。

图3-76　牙头、牙条连接偷手做法三——裁榫式

　　十字枨（见图 3-77、图 3-78）是指在杌凳、桌案相对的腿足上设横枨，两横枨十字拼接的榫卯。方法是：在两横枨相交的地方，一横枨上部切去一半，另一横枨下部切去一半，两横枨相搭成一根的厚度。

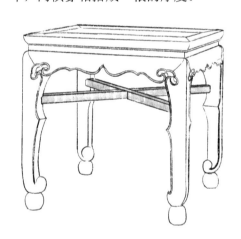

图3-77　方杌上的十字枨

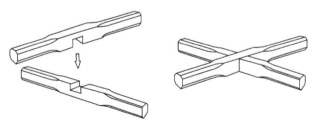

图3-78　十字枨

　　脸盆架三掌子相交的榫卯结构（见图3-79）与十字掌相似，上掌的下部切去三分之二，中掌的上下部各切三分之一，下掌的上部切去三分之二，三掌搭在一起成一根掌子的高度（见图3-80）。攒斗做法中的十字相交部分也用类似十字掌的做法（见图3-81～图3-83）。

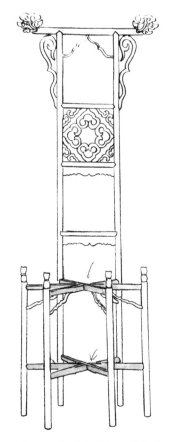

图3-79　脸盆架上的三掌相交

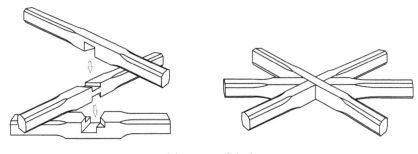

图3-80　三掌相交

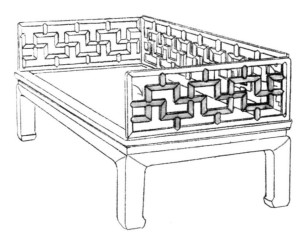

图3-81 罗汉床攒斗围子

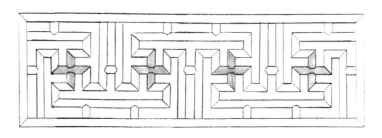

图3-82 攒斗围子上的十字交叉做法

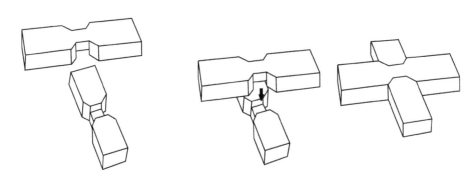

图3-83 攒斗中的十字交叉做法

走马销亦称走马楔，一般用在床围子与床面边抹（见图 3-84）、翘头案的活翘头与抹头等可拆卸的构件之间。做法是：榫头一半稍粗，一半稍细，卯眼的开口多半稍大、小半稍小。榫头从卯眼开口大的半边纳入，推向开口小的半边，就扣紧了。如果要拆卸，则只需将榫头退回到开口大的半边即可（见图 3-85）。

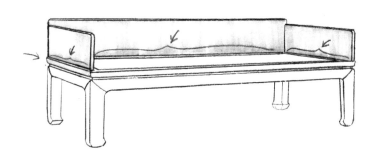

图3-84　罗汉床床围使用的走马销

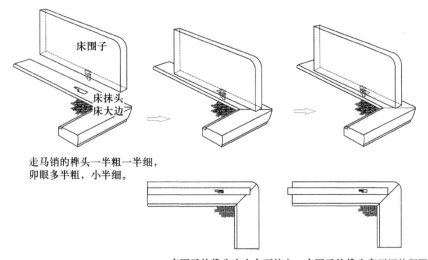

走马销的榫头一半粗一半细，
卯眼多半粗，小半细。

床围子的榫头由上向下接入　床围子的榫头穿到细的卯眼位置。

图3-85　走马销

第二节　牙子和掌子

中国古典家具许多因结构需要而出现的部件，也是造型的基本部分，其在表现造型细节的同时往往也承担了结构的作用。中国古典家具是结构和造型的统一，就像一个有机形体，既有结构美，又有造型美。

中国古典家具吸收了古代壶门台座和大木构架的特点，以立木作支柱，以横木作连接，为保证这种四方形的构造稳定坚固，使用了多种构件将横竖材连接固定，并将受力均匀传递到各个构件。使用频繁、变化丰富的构件主要有牙子和掌子，这两种部件不仅起到结构作用，也承担了造型的细节，其丰富的变化使中国古典家具产生了丰富的造型。

一、牙子

牙子在家具中的使用是吸收古建筑中的枋和雀替，起到支撑加固的作用。主要用在家具面下两腿之间或者横竖材相交处。牙子是因结构而产生的构件，同时也是造型的组成部分。牙子在中国古典家具发展的过程中，已经形成多种造型程式，主要有刀板牙子、壶门牙子、花牙子、洼堂肚牙子、券口牙子、圈口牙子、披水牙子、托角牙子、倒挂牙子、站牙等。

（一）刀板牙子

刀板牙子（见图 3-86～图 3-91），又称刀牙板，是牙子中最简单的制式，主要特点是：牙条通直，牙头下沿光素抹角。主要用在桌、案、椅、凳、橱、柜面下两腿之间，起到连接两腿、承托面板的作用，明式家具中经典的刀板牙子、梯子掌、圆腿平头案就是使用刀板牙子。刀板牙子的牙头、牙条或一木连做，或分做榫接。刀板牙子的造型变化很微妙，牙条粗细和牙头长短宽窄，牙条、牙头连接处的曲线和牙头的倒角曲线，以及牙条、牙头上的起线等细节使刀板牙子呈现出丰富的造型变化。刀板牙子的造型是随家具整体的造型而变化的，刀板牙子的微妙变化，使家具有了不同的造型表现。

（二）壶门牙子

壶门牙子（见图 3-92～图 3-101）亦是桌、案、椅、凳、橱、柜面下两腿之间常用的牙子，主要特点是：牙条自中心向两端对称做出翻转曲线，并以牙头收尾。壶门主要参考了古代壶门须弥座上的曲线，因其曲线翻转优雅而被家具吸收用在构件的装饰中。壶门牙子就是通过曲线的不同翻转而表现独特的曲线美，与家具的其他曲线呼应配合。壶门牙子或只做两次翻转，或多次翻转，或于壶门曲线之上浮雕花卉、螭龙等纹样，或简或繁，趣味迥异（见图 3-102）。

图3-86 方机上的刀板牙子　　　　　　　图3-87 带屉平头案上的刀板牙子

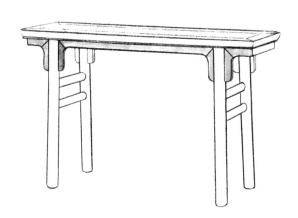

图3-88 平头案上的刀板牙子

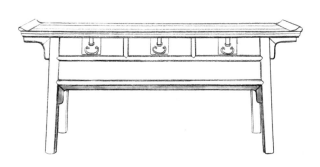

图3-89 闷户橱上的刀板牙子

141

图3-90　圆角柜上的刀板牙子

图3-91　架格上的刀板牙子

图3-92　四面平方杌的壶门牙子

图3-93　有束腰方杌的壶门牙子

图3-94　官帽椅的壶门牙子

图3-95　剑腿平头案的壶门牙子

图3-96 高低桌的壶门牙子

图3-97 有束腰脚踏的壶门牙子

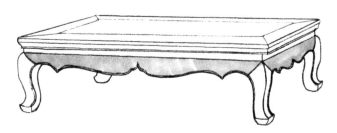

图3-98 有束腰炕桌的壶门牙子

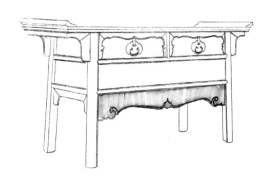

图3-99 闷户橱的壶门牙子

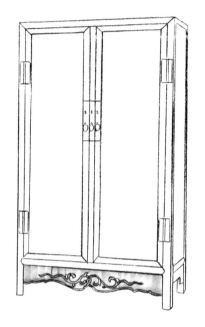

图3-100 方角柜的壶门牙子

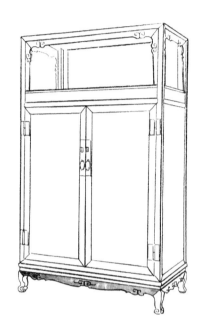

图3-101 亮格柜的壶门牙子

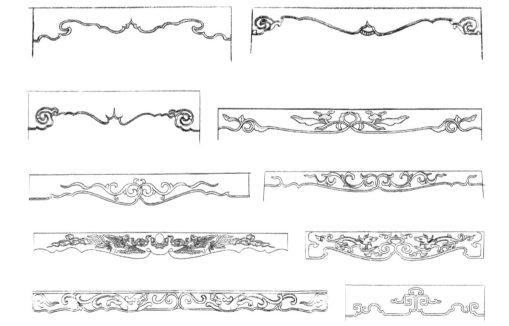

图3-102 壶门牙子的丰富变化

（三）花牙子

花牙子是指牙头部分做雕刻装饰，或浅浮雕，或透雕，而牙条大多光素，与之呼应（见图3-103～图3-108）。花牙子依然起到承接加固的作用，只是在牙头做少许装饰。在设计时，可以是全光素的家具上使用花牙子，成为整件家具的亮点，或者在施以装饰的家具上，使用花牙子以配合装饰的意趣。其中雕刻云头的花牙子称作云头牙子，云头牙子翻卷云纹，多在光素的平头案、翘头案上使用。

图3-103　平头案上的花牙子

图3-104　平头案上的花牙子

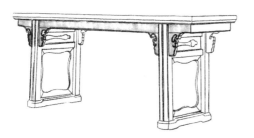

图3-105　平头案上的花牙子

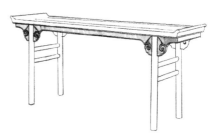

图3-106　翘头案上的云头牙子

图3-107　翘头案上的云头牙子

图3-108　一腿三牙方桌上的花牙子

（四）洼堂肚牙子

洼堂肚牙子（见图 3-109 ～图 3-114）是指牙条中部曲线下垂成弧线，是直牙条的变化，下垂成弧线使牙子曲线张力十足，与腿足的曲线呼应，造就独特的曲线变化。

图3-109　方杌上的洼堂肚牙子

图3-110　官帽椅上的洼堂肚牙子

图3-111　官帽椅上的洼堂肚牙子

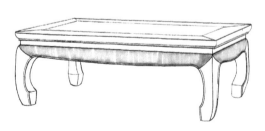

图3-112　有束腰炕桌上的洼堂肚牙子

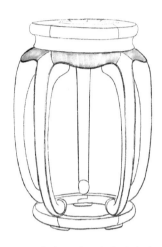

图3-113 有束腰炕桌上的洼堂肚牙子　　　　图3-114 有束腰香几上的洼堂肚牙子

（五）券口牙子

　　券口牙子（见图 3-115～图 3-120）是指牙头拉长成条，与牙条共三根板条安装在方形或长方形的框格中，形成拱券，以此得名。券口牙子一般使用在横竖构件围成的四框内，特别是椅面下两腿之间使用较多，主要起到坚固作用。也多使用在橱柜等的抽屉脸部，主要起到装饰作用。券口牙子可以呈现出直牙条、壶门、洼堂肚等不同的牙条变化（见图 3-121）。

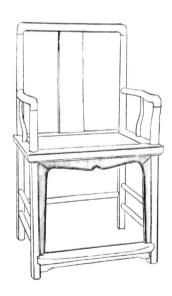

图3-115 靠背椅上的直牙条券口牙子　　　　图3-116 官帽椅上的壶门券口牙子

147

图3-117 玫瑰椅上的洼堂肚券口牙子

图3-118 亮格柜上的壶门券口牙子

图3-119 亮格柜上的壶门券口牙子

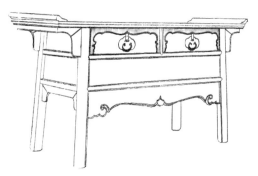

图3-120 闷户橱抽屉上的壶门券口牙子

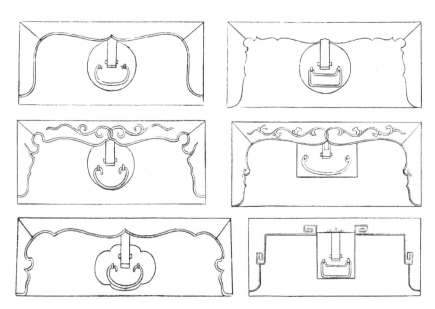

图3-121　抽屉上壶门券口牙子的丰富变化

（六）圈口牙子

圈口牙子（见图3-122、图 3-123）是指四条板条安装在方形或长方形的框格中，形成完整的周圈，中间围合成一空间，主要起到加固和装饰的作用。圈口牙子围合的空间形状受四条板条内缘的曲线影响，有方形抹角、方形委角、椭圆、壶门、洼堂肚等（见图3-124）。

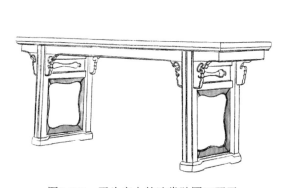

图3-122　平头案上的洼堂肚圈口牙子

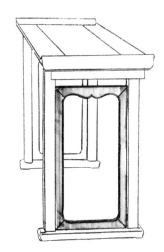

图3-123　翘头案的壶门圈口牙子

图3-124　圈口牙子的丰富变化

（七）披水牙子

披水牙子（见图3-125）特指座屏、衣架上使用的，连接两个坐墩的前后两块倾斜如八字的牙子。披水牙子起到加固两坐墩的作用，也通过倾斜的角度将坐墩和屏风结合成一体，并勾勒屏风的下围曲线。披水牙子或光素、或多浮雕吉祥纹饰，下部曲线或通直，或成壶门曲线，使座屏、衣架的曲线更加柔美婉转。

图3-125　座屏的壶门披水牙子

（八）托角牙子

托角牙子简称角牙（见图3-126～图3-129），是安装在两构件相交成角处的牙子，如古建筑中的雀替，起到坚固两构件的作用。主要使用在椅子、衣架、盆架等搭脑和后腿上截相交成角处，或椅子扶手和前腿上截相交成角处，或桌案面与腿足相交成角处。托角牙子较小，为增加细节，一般做一些装饰，或起阳线，或雕刻纹样，或攒斗成纹饰勾勒曲线。

图3-126　官帽椅上的托角牙子

图3-127　八仙桌上的托角牙子

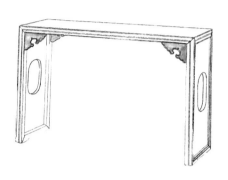
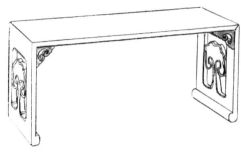

图3-128　琴几上的托角牙子　　　　　图3-129　条几上的托角牙子

（九）倒挂牙子

倒挂牙子（见图3-130、图3-131）是一种特别的角牙，专指上宽下窄、纵边长于横边的角牙，呈现倒挂之势，故此得名。倒挂牙子因其造型特点，多置于较长竖材与较短横材相交成角处。倒挂牙子常用于椅、凳、屏、架的搭脑与腿上截相交成角处。

图3-130　衣架上的倒挂牙子　　　　　图3-131　脸盆架上的倒挂牙子

（十）站牙

站牙（见图3-132、图3-133）是屏风中立在坐墩上，在屏风的大框前后抵夹立柱的牙子。站牙主要起到固定屏风大框和坐墩的作用，同时也承担屏风侧面的造型塑造作用。站牙造型丰富，或为壶瓶，或为螭龙，或为云纹，多为浅浮雕或透雕，与屏风总体风格相合。

图3-132　衣架上的站牙　　　　　　　　图3-133　座屏上的站牙

二、枨

枨是腿足之间的构件，类似古建筑中的梁，主要有直枨、梯子枨、踏脚枨、赶枨、罗锅枨（高拱罗锅枨、罗锅枨加卡子花、罗锅枨加矮老等）、霸王枨、裹腿枨、十字枨等。

（一）直枨

直枨（见图3-134、图3-135）是枨子最基本的造型，是平直没有起伏变化的枨子。直枨连接相邻两腿足，起到坚固的作用。直枨一般朴素无装饰，或在细节上稍作处理，如起阳线、打洼、做瓜棱状等线脚处理。

（二）梯子枨

梯子枨（见图3-136～图3-139）是指两根直枨上下并列设置，至于两侧腿之间，不仅起到加固的作用，还产生造型的韵律感，一般用在平头案、翘头案、椅子等两侧腿之间的位置。

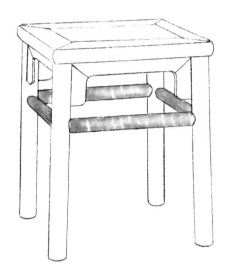

图3-134　方机上的直枨

图3-135　平头案上的直枨

图3-136　方机上的梯子枨

图3-137　官帽椅上的梯子枨

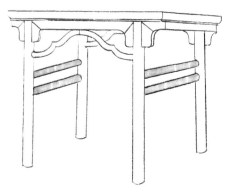

图3-138　平头案上的梯子枨　　　　图3-139　高低桌上的梯子枨

（三）踏脚枨

踏脚枨（见图3-140、图3-141）是指椅子前腿之间下部可以置脚的枨子，一般由直枨和牙子结合组成，其尺度适合使用者脚踏在上面。直枨因为长期受脚摩擦而出现下凹的曲线，现代高仿古典家具也依旧做出下凹的状态。

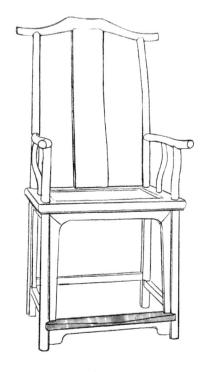

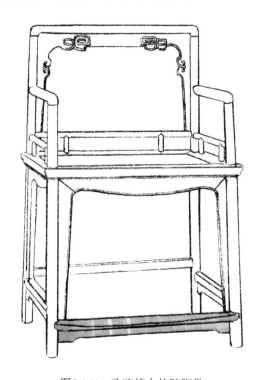

图3-140　官帽椅上的踏脚枨　　　　图3-141　玫瑰椅上的踏脚枨

（四）赶枨

赶枨是指在椅子四腿之间的四根枨子，一般变换高度，使榫眼分散，保证腿足的坚固耐用。一般的赶枨（见图3-142）都是前腿之间的踏脚枨和后腿之间的横枨最低，两侧的枨子略高，既保证四腿的稳定坚固，又使腿足上的榫眼交错，避免了榫眼集中影响腿足结实。赶枨的做法中有一种称作步步高赶枨（见图3-143），是指在椅子四腿之间的四根枨子自前向后呈现依次升高的做法，也是交错枨与腿榫接点的做法，其中前腿之间的踏脚枨最低，两侧枨子稍高，后枨最高，有步步升高之意，寓意吉祥。

图3-142　靠背椅上的赶枨

图3-143　圈椅上的步步高赶枨

（五）罗锅枨

罗锅枨（见图3-144～图3-147）是指枨子中部渐起高出一截的做法，渐起部分犹如罗锅的造型，故名罗锅枨。桌案腿间一般需要设直枨来保证腿足的坚固，但是也造成了桌案下容腿空间的减少，会有挡腿的不足。罗锅枨的使用则缓解了这一不足，依然在两腿空间设枨坚固，又能将中间部分抬起，增加容腿空间。

图3-144　方杌上的罗锅枨

图3-145　圈椅踏脚枨下的罗锅枨

图3-146　抽屉柜上的罗锅枨

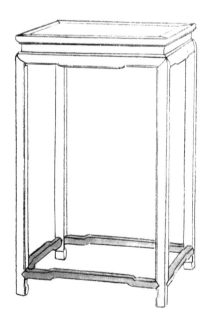

图3-147　方几上的罗锅枨

　　罗锅枨不仅单独使用，还多与牙子、矮老、卡子花等部件结合使用。

　　一种做法是罗锅枨高起，直顶到上面的直牙条上，这种高起显著的罗锅枨一般称为高拱罗锅枨（见图 3-148、图 3-149）。

图3-148　平头案上的高拱罗锅枨　　　　图3-149　一腿三牙方桌上的高拱罗锅枨

　　一种做法是罗锅枨之上按卡子花做过渡，使桌面下牙条和罗锅枨既连接又保持一定的空间，创造了剔透的空间感。且卡子花的造型多变，或为双环，或为方胜，或为云头，或为灵芝，或为如意，或为锦纹，或为螭龙等，丰富了家具的细节表现（见图 3-150、图 3-151）。

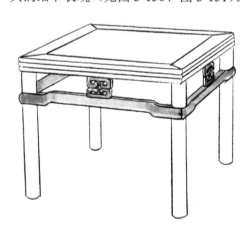 

图3-150　方杌上的罗锅枨加卡子花　　　　图3-151　一腿三牙方桌上的罗锅枨加
　　　　　　　　　　　　　　　　　　　　　　　　卡子花

　　一种做法是罗锅枨与矮老结合，直接顶到桌案面下部，矮老可以有多少、长短、粗细、疏密等丰富变化，与罗锅枨结合，既隔出空间，又相互交融（见图 3-152、图 3-153）。
　　一种做法是罗锅枨变形与矮老成一体，进行有序排列，作为连接桌案面板和腿足的加固构件，这种变化可以很大，形成特殊的造型样式（见图 3-154）。

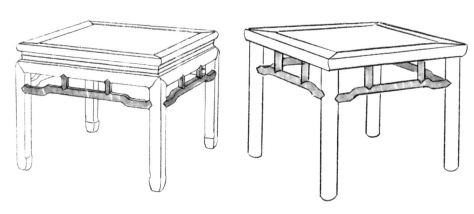

图3-152　有束腰方杌上的罗锅撑加矮老　　　图3-153　方杌上的罗锅撑加矮老

图3-154　方桌的变体罗锅撑

（六）霸王撑

霸王撑（见图 3-155、图 3-156）是连接桌案面板和腿足的部件，主要作用是将桌案面板所受的力承接传送至腿足，从而实现承重的作用。霸王撑的另一个优点是：可以使腿足之间不需要设置横撑来加固，而使用霸王撑。这样可以使面板下空间更加宽敞，使用者临桌案就坐，不用担心腿下空间的限制。

（七）裹腿撑

裹腿撑（见图 3-157、图 3-158）亦称裹脚撑、圆包圆，是指四腿间的撑子在腿部同一高度，撑子高出腿部表面、四面交圈，好像是将家具腿缠裹起来，

图3-155　八仙桌上的霸王枨

图3-156　方几上的霸王枨

图3-157　方桌的裹腿枨

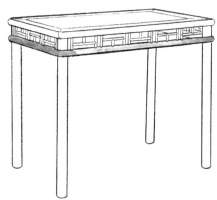

图3-158　长方桌的裹腿枨

是模仿竹制家具的一种做法。裹腿做的桌类一般会使用垛边和劈料两种做法辅助。垛边是指顺着桌面边抹底面外缘加贴一圈木条，借以增加边抹看面的厚度。在裹腿做家具中，垛边的木条与桌面冰盘沿一起做成两个或多个平行混面的线脚，从而看似垛边的木条是桌面厚度的假象。如果桌面较厚，也会将桌面分成两个或多个平行混面线脚，这种做法称作劈料。垛边和劈料的使用，与裹腿枨产生的交圈混面呼应。垛边和劈料是两种相反效果的做法，垛边是为增加边抹看面厚度的做法，而劈料则是给边抹看面劈成两个或多个混面，好像边抹是由多根细木条攒成的做法。

（八）十字枨

十字枨（见图3-159、图3-160）是连接腿足比较特殊的枨子，一般的枨子是连接相邻两腿足，而十字枨是连接对角的两腿足，两对成角的腿足各用一根枨子，两根枨子相交成十字形，故名。十字枨比较少见，在方凳、方桌中有使用。

 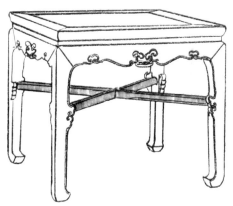

图3-159　有束腰方杌的十字枨　　　　　图3-160　有束腰方杌的十字枨

第4章
中国古典家具的造型

第一节　中国古典家具的基本要素

　　家具的基本要素为材料、结构、功能、形态四个方面，这四个方面是相辅相成的。中国古典家具的基本要素也包括这四个方面。材料是家具设计的物质构成，是家具设计的载体，使家具物态化；结构是材料之间的连接方式，是实现功能的基础；功能是家具设计的目标，既具有物质功能，又具有精神功能；形态是家具设计的成果，是家具的外在表现。这四个要素联系紧密，相互影响，在家具设计中发挥着重要作用。

（一）材料

　　在中国古代建筑木作领域中有两种重要的木工工种：大木作和小木作。大木作是指建筑中进行结构性构件的加工、操作的木工；小木作是指非建筑本身的结构性构件加工的木工，其中家具就属于小木作的范畴。家具属于小木作，中国古典家具在柜架结构、榫卯工艺、造型和装饰手法上，都与中国古代建筑有着千丝万缕的联系。中国古典家具使用木材制作家具，这点与中国古典建筑亦有共通之处。

　　木材种类繁多，木材的产地、数量、成材年限、成材率、木性等因素造成了木材的差异。中国古典家具遵循的选材原则是"因材就势，就地取材"。比如在北方地区，盛产核桃的山西、陕西一带，多出细腻温润的核桃木大材，核桃木成为主要的家具用材。榆木也是北方多产之树，与南方的榉木遥相呼应，因此有"南榉北榆"之分。榉木在南方使用较多，特别是苏州、南通一带，榉木家具更是占有相当大的数量。广东、广西一带则多见铁梨木家具，而福建多产鸡翅木，因此鸡翅木家具较多。

在使用木材制作家具时我们应该注意以下几点：

（1）不以软硬论材料，珍视材料，合理使用。

中国古典家具用材有硬木和软木之分，硬木多受人们青睐。其实，不管硬木软木都是实木资源，都应该得到合理充分的利用，不能厚此薄彼。在使用木材过程中，应该合理利用，减少浪费。一个好的木匠，制作家具时不会产生太多木材费料，大部分都合理地利用在了家具的不同部位，这是木匠技艺水平的重要衡量标准之一，也是珍惜木材、环保减排的做法。

（2）在合理用材的基础上，将材料美融合到造型美之中。

木材因其不同的物理特性表现出不同的色泽、纹理以及触感等，制作家具后给人们不同的生理和心理感受。木头纹理和棕眼是家具的天然肌理，纹理美的木材受到人们的偏爱。讲究材料美就是要求材料与家具的功能、结构、工艺以及造型达到和谐统一，相得益彰。比如箱、柜类家具的柜门门芯木材一般都要精心选择，对称或均衡，有尽可能美的纹理。一对纹理优美的门芯能起到画龙点睛、提升家具艺术的作用（见图4-1）。

图4-1　官皮箱两门上的对称优美的纹理

（二）结构

中国古典家具的结构就是指木材之间的连接结构，即榫卯结构。各部位之间连接紧凑，环环相扣，牵一发而动全身。木材是具有活性的，会随着环境、季节的不同，因冷热、干湿的不同出现不同程度的抽胀。而榫卯结构很好地解决了木材抽胀问题，活性对活性，将力化为无形。

（三）功能

中国古典家具是艺术品和实用品的结合，其中，实用就是要满足一定的使用功能，这是和纯粹艺术品的主要区别。《易经》有言："形而上者谓之道，形而下者谓之器"。就家具而言，中国古人认为家具是承载使用功能的形而下的器具，为匠人营造，因此对家具的态度多为重实用轻艺术。家具的使用功能自古历朝都极为重视，在家具设计中也起到举足轻重的作用，无功能不家具。

我们知道家具的基本功能是辅助人们的日常生活起居。中国古典家具产生于不同历史时期的古代社会，满足的是当时当地人们生活的需要。现代人的生活方式与古人已有很大不同，对家具功能的需求也就产生了不少变化。让中国古典家具满足现代人的生活需要，则需要在比例、尺度等方面做适当调整。

第二节　中国古典家具的造型语言

形态就是家具外在的表现形式，家具造型都是由点、线、面、体、空间这几个基本要素组成的。我们发现，点动成线（一维空间），线动成面（二维空间），面动成体（三维空间），多个个体组成灵动的空间，空间则涉及四维或多维空间问题。

（一）点

点在家具造型中是有大小、方向的，甚至有体积、色彩、肌理和质感的，在家具中起到亮点、焦点、中心、辅助等效果，有很强的美学表现力。在中国古典家具造型中点应用非常广泛，它不仅可以做功能构件，也可以是装饰的一部分。中国古典家具的金属饰件，如面叶、合页、拉手、包角等，相对于整个家具而言都以点的形态特征呈现，是家具造型设计中常用的功能性部件。坐具靠背板上的开光也是以点的形态呈现，则是装饰的一部分。在家具造型设计中，可以借助于"点"的各种表现特征，加以适当地运用，以取得良好的效果。例如圆角柜的面叶饰件就可以作为圆角柜上的点来看待。

面叶不仅发挥一定的功能作用，还是重要的造型元素，面叶的高度、长短、宽窄都能影响圆角柜整体的造型感。在光素无饰的圆角柜中，面叶就是整件家具的亮点，起到画龙点睛的效果。面叶的位置一般在中间偏上的位置，使圆角柜的视觉中心上移（见图4-2）。我们在设计古典家具时，一个点往往影响全局，影响成败，即细节决定一切。

官帽椅靠背板上的开光也是以点的形态特征呈现的，不同造型的官帽椅（见图4-3），其靠背板的装饰图案多不相同，但有一个共同点是其视觉中心都是在靠背板的中心偏上，约在黄金分割点的位置，给人积极、提气的心理感受。即使图4-3中最右边那件官帽椅是光素无饰的靠背板，其纹理的视觉中心也在中心偏上的位置。我们进行家具设计的时候，也应该注意把握艺术中的基本规律，把握家具的艺术美。

图4-2　圆角柜面叶的位置

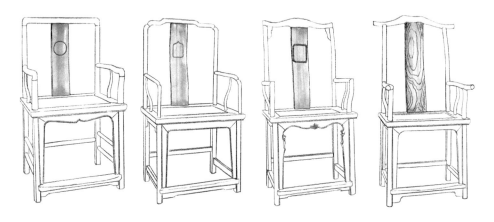

图4-3　各式的官帽椅

（二）线

在几何学的定义里，线是点移动的轨迹。线是有表情的，线随线型的长度、粗细、曲直、运动状态等表现出不同的表情，从而在人们的视觉心理上产生了不同的影响，表达出情感与情绪、气势与力度、个性与风格。在世界家具历史的发展过程中巴洛克风格、洛可可风格都在运用曲线，芬兰阿尔托的热弯胶合板椅、沙里宁的有机家具都是曲线在家具中的成功应用典范。

线在中国古典家具中的使用也非常广泛灵活，家具表现出来的不同造型大部分是通过线的微妙变化来实现的，我们甚至可以说中国古典家具艺术就是曲线的演绎艺术。

我们以最经典的明式平头案的刀板牙子为例，来分析曲线的细微变化在中国古典家具设计中带来的变化。如图4-4是中规中矩、比较典型的牙板曲线及标准的明式风格平头案。牙子在转角弧度上可以有细微的变化，牙子转角有缓和圆润的大弧度（见图4-5），也有类似直角的小弧度（见图4-6）。图4-6这件翘头案牙板非常锋利，似乎刻意地没有抹角，但这个锋利的牙板并没有觉得突兀，主要因为它与家具的其他部分协调统一起来。翘头案直直翘起的翘头，翘头下直直的牙条，以及方正的板腿，就是板腿内的壶门曲线弧度也比较小。这件家具的所有部件都统一起来向方正方向发展，所以整体看来是协调统一的，使人产生一种硬朗、严谨的视觉感受。如果在板腿里加一个传统的如意云头，直线曲线对比就太强烈了，无法融合。可见在中国古典家具设计里，没有放之四海而皆准的曲线，只有细节融合在整体中相协调，才是最适合的曲线。

图4-4　牙子转角标准的平头案

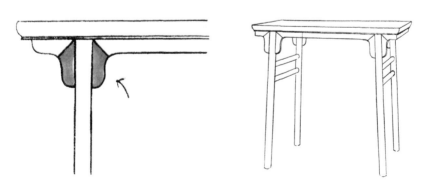

图4-5　牙子转角圆润的平头案

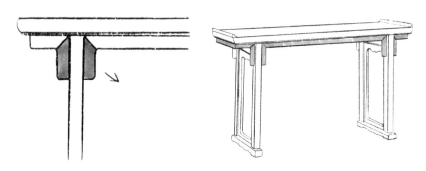

图4-6　牙子转角方正的平头案

　　牙头和牙条的长短比例可以出现细微变化，可以是长牙头配短牙条，或短牙头配长牙条。牙头和牙条长短变化主要取决于家具的高度和长度，体型高挑的家具，牙条要配合着拉长，以修饰配合其纤长的体型（见图4-7）。当体型加长，跨度变大，吊头需要变长，短边的牙条也就随之变长了（见图4-8）。一些感觉匀称协调的家具，多是加入了设计者的理性分析考量。

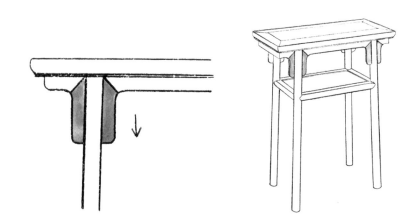

图4-7　牙头加长的牙子及长牙头带屉平头案

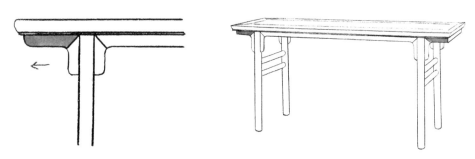

图4-8　牙条加长的牙子及长牙条长平头案

牙头和牙条可以出现微妙的宽窄变化，牙条的宽窄能够影响案面的视觉厚度。例如，相同厚度的案面，配合较宽牙条，感觉案面变薄，配合窄牙条，感觉案面变厚（见图4-9），这是由人生理的视错觉现象引起的。同样的道理，牙头的宽窄会产生桌腿粗细的视错觉（见图4-10）。在中国古典家具设计中，我们可以调动牙头、牙条的宽窄变化来调节案面厚度和桌腿粗细以实现家具比例协调的目的。在存世的家具中也存在一些因牙子的比例失调，导致整件作品失败的实例。如图4-11是一件长平头案，此件不可多得的长2 720毫米的黄花梨大料，却配以拙厚的宽牙条厚牙头，使得案面十分单薄，整件作品美感全无。

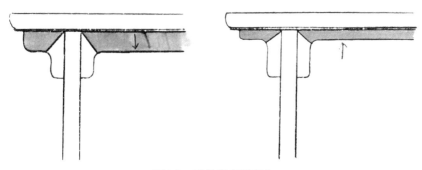

图4-9　牙条宽窄的变化

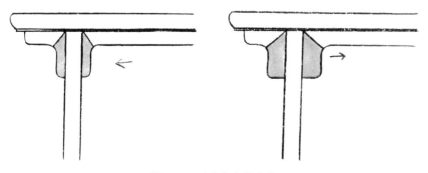

图4-10　牙头宽窄的变化

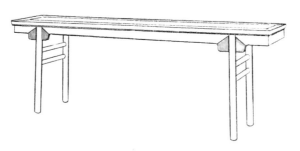

图4-11　比例失衡的宽牙条厚牙头长平头案

中国古典家具设计有一个误区，以为设计中国古典家具就需要颠覆古典、打破传统等大动作、大手脚，于是设计出来的家具与中国传统家具风格大相径庭。其实真正的古典家具设计就落在一点一线细微之间。中国古典家具设计，要学习古人对家具细节的考量与把握，把握好比例尺度。

（三）面

面是点的扩大、线的移动而形成的，面具有二维空间（长度和宽度）的特点。

面在中国古典家具设计中起的作用也不可小觑，面的内容涵盖很多，面的大小、形状、位置、颜色以及纹理都有不少变化，板材有面，线材也有面。且不谈面的巨大变化，就是部分细节的变化也能影响整个家具造型。

我们以线材的截面形状为例。什么是线材，就柜类来讲，线材包括柜腿、柜门攒边、掌子等长条状的构件。这些线材的横截面形状也很多，不同的截面产生不同的线材面，这些线材对整个的家具造型产生很大的影响。

我们来看这两件书柜的细节效果。图4-12书柜的腿是看面打洼，所有的掌子也都采取了打洼的做法，而抽屉门独板，柜门是攒边成平面，且与腿、掌基本在一个平面上，都是方正的效果。而图4-13的书柜因为腿部是圆材，所

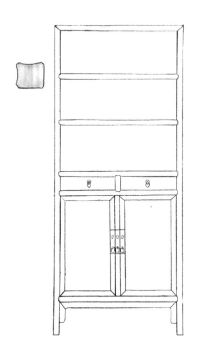

图4-12　腿足打洼的四平式书柜

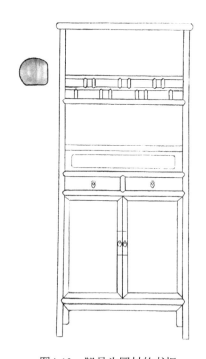

图4-13　腿足为圆材的书柜

有的掌子攒框都是圆材。圆材是鼓起来的，立体感强，于是门芯镶嵌有意后退一点，将面、掌的凹凸对比强化，整件家具的立体感就明显了。这两件家具因采取的面的处理效果不同，而产生了截然不同的艺术效果。

在柜类家具设计中，柜门芯的表面高低处理，攒框线材的处理，以及门芯和攒框线材之间的空间关系衍生出很多柜门表面的立体关系，也产生了不同造型风格的柜类家具。

（四）体和空间

在造型设计中，体是由面围合起来构成的三维立体（具有高度、深度及宽度），有实体和虚体之分。实体和虚体给人心理上的感受是不同的，虚体（由面体所围合的虚空间）使人感觉通透、轻快和空灵，而实体（由体块直接构成的实空间）给人重量、稳固、围合性强的感受。

中国古典家具是一种接纳的空间，通过线材和面材对空间进行界分与限定，形成一个三维空间变化，既营造了空间，又引导了空间。中国古典家具的空间有实、有虚，家具为实，容纳的空间为虚，实家具需要虚空间的配合，虚空间需要实家具的演绎。虚实空间的搭配使用，可以设计出变幻多样的空间感，产生截然不同的造型美感。中国古典家具的空间有主有从，家具使用时占据的空间为主空间，其他空间为从空间，家具空闲时依然积聚着主从轻重的气场。

中国古典家具的空间具有通透性，因家具线材、面材的围合与开放，空间不规则地开敞着，通透交融。中国古典家具的空间具有包容性，当人们使用家具的时候，人、家具与空间合为一体；当人们离开一段距离欣赏家具时，中国古典家具也是饱满充盈的，家具与空间合为一体，空间成为家具的一部分。中国古典家具的空间具有流动性，周边流淌着气流，人移风动，风随人流，互相渗透交流。中国古典家具空间的形态、比例、尺度给人以不同的心理感受，比如大气或局促、静谧或活泼、静止或流淌、圆润或方正等。

图4-14是以虚空间为主的架格，抽屉作为小部分的实体空间，在每一个架格的位置都不相同，产生的空间错落感也迥然相异，在虚空间里演绎着不同的比例和尺度。这四个架格的共同点在于整体空间尺度的把握都很好，协调匀称，韵律感强，是较为成功的中国古典家具作品。

图4-14　各式不同的架格

第三节　中国古典家具的基本造型

中国古典家具历经数千年的发展演变，造型结构方面已经形成了两种基本的程式，即梁柱式和有束腰式。有少数家具在这两种基本造型基础上出现了一些变体，如四面平家具和展腿式桌。

（一）梁柱式家具

梁柱式造型起源于中国古建筑的木构架体系，中国古建筑的梁木构架结构（见图4-15）主要是柱间穿以梁、檩，梁檩之下以枋加固的形式。为了保持稳定，柱子多下舒上敛，带向内倾仄的侧脚。

中国古典家具的梁柱式造型（如图4-16）借鉴古建筑的木构架结构，主要由面、腿、牙子、掌子四构件组成，四腿多为圆腿，相当于建筑中的柱子，腿间做加固的牙子和掌子，形成了稳定的构架，为保证家具的物理稳定和视觉稳定，四腿也带很小的侧脚，腿足落地的空间略大，更加平稳。梁柱式家具的四个构件可以有丰富的变化，如面上的边抹和腿足有平面、混面和凹面等丰富变化，牙子由刀板牙子、花牙子、券口牙子、圈口牙子等变化，掌子有直掌、罗锅掌、梯子掌、霸王掌等变化，使得梁柱式家具出现了丰富的造型变化。

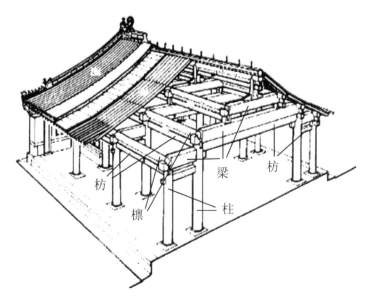

图4-15　中国古建筑梁木构架体系

图4-16　梁柱式造型的平头案

（二）有束腰式家具

有束腰式家具起源于古代须弥座和壶门家具。须弥座是源自佛教的台座，一般用于庙宇、殿堂、塔幢的基座（见图4-17）。须弥座的主要造型特点是：有内收的束腰，这一造型直接为有束腰家具借鉴。而壶门家具多见于床或桌类家具中，指在腿足之间分列壶门，受壶门曲线影响，腿足多内收，下承托泥（见图4-18）。此类家具腿间的壶门数量由多个简化到一个时，腿足依然呈现内收的曲线，内翻马蹄的腿足造型就因受此影响而来。

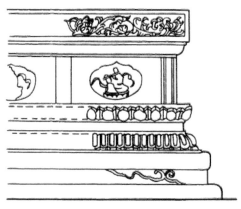

图4-17　宋式须弥座

图4-18　东晋顾恺之《洛神赋图卷》中的壶门榻

　　有束腰式造型的中国古典家具（见图 4-19）主要造型特点是：面下内收束腰，束腰下接腿足。束腰有长短之分，亦有繁简之别，腿足多为内翻马蹄，也有外翻成三弯腿的多种变体。为保证束腰下四腿足的稳定坚固，也多在腿间安牙子、掌子等加固构件，更丰富了家具的造型变化。

　　（三）四面平家具

　　四面平家具（见图 4-20）是指面、看面腿足和侧面腿足皆平直，下承马蹄的家具造型。四面平家具是由古代的壶门床发展而来，虽然没有束腰，但是确实属于有束腰家具的造型，下承马蹄腿。

图4-19　有束腰式造型的方桌

图4-20　四面平方凳

（四）展腿式家具

展腿式桌是指桌面下收束腰，束腰之下为矮三弯腿，外翻小马蹄，成矮炕桌，三弯腿之下再接圆形长直腿，使矮炕桌成为高桌（见图4-21）。展腿式桌是有束腰式矮炕桌下承梁柱式的圆腿产生的，是有束腰式和梁柱式结合的家具。

图4-21　展腿式方桌

梁柱式家具和有束腰式家具发展各有渊源，有着不同的造型和结构特点，两种造型向着各自不同的方向发展，一般不会出现混搭的情况。如梁柱式家具的腿足皆为圆或类圆，不会出现马蹄足和托泥，而有束腰家具也不会下承圆腿。我们在进行中国古典家具设计时也应该准确把握梁柱式家具和有束腰式家具的造型特点，设计时才不会不伦不类。

第四节　中国古典家具设计的造型法则

（一）比例与尺度

比例研究的是物体整体以及整体与局部之间的权衡，使物体各部分之间统一协调，组合之后的整体也匀称均衡。对中国古典家具来说，家具中的各个构件是整体造型的组成部分，构件的比例应统一在整体的造型比例中，达到协调中见统一，统一中有变化（见图4-22）。

家具是与人零距离接触的器具，家具的尺度是由人体尺度来衡量的。人体尺度分为人体的静态尺度和动态尺度，即人的基本尺寸和日常生活的范围尺度。人体尺度又分为生理尺度和心理尺度，不仅要满足人们的肢体生活尺度需求，还要满足人使用家具过程中的心理尺度需求；不仅要满足人们的功能需求，还要满足人们的审美需求。家具尺度有与人体尺度相符合的正常尺度，如人们日常生活中的桌椅板凳等都属于正常尺度；有为表现威严、地位和身份等精神需求而较人体尺度明显宽大的放大尺度，如统治阶级使用的宝座；也有为满足特定需求而制作的较人体尺度变小的缩小尺度，如尺寸小巧的小方机等（见图4-23）。

图4-22　不同比例的圆角柜

图4-23　不同尺度的方凳

（二）统一与变化

统一是指事物具有一致性，是秩序、稳定的表现，而变化则是指事物具有对比性、差异性，是动感、活泼的表现。统一和变化是客观存在的统一体，如果把一件艺术作品看作一个整体，其组成整体的所有个体都应具有统一一致性，才能保证作品的艺术特点，在统一的基础上还要有变化，才能使作品更加生动。太过统一，则显呆滞；太过变化，则致杂乱。统一和变化就在相辅相成中权衡，找到合适的平衡点。

就中国古典家具而言，一件家具的造型、结构、风格具有统一性是最基本的要求，而在统一中求变化，则是家具个性的体现。例如，中国古典家具中的扶手椅（见图4-24），其靠背板、搭脑、扶手、联帮棍、前腿上截、后腿上截都是由优美的曲线来表现的，这些曲线的起伏使统一中有变化，协调一致里有灵活跃动。而靠背板的"S"形或"C"形、搭脑的上扬或内敛、扶手的温婉或秀直、联帮棍的纤细或粗硕都在诠释不同的节奏与韵律。而三弯腿的圆香几（见图4-25）在几面和托泥都保持圆形特点，三弯腿则在曲线上柔婉秀美，统一中求变化。

图4-24　扶手椅靠背和扶手构件的曲线变化

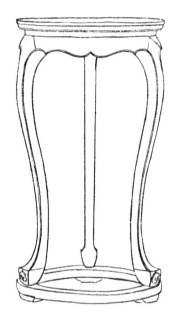

图4-25　三弯腿的圆香几

（三）对称与均衡

　　对称与均衡是自然界普遍遵循的事物存在方式，是统一与变化达到平衡的状态，是实现事物稳定、舒适、匀称的美。对称是指围绕对称轴或对称中心，进行旋转或镜像，可以实现重合或并列，一般由轴对称（见图 4-26）、中心对称（见图 4-27）和螺旋对称等类型。对称是稳定、整齐、严谨的，也能产生呆板、乏味的消极效果。均衡是在对称基础上的发展，是使中心点或中心线两端保持相当、平衡的状态。均衡是活泼、自由、轻松的，也能产生散漫、混乱的消极效果；对称给人稳定、严谨的感受，均衡给人活泼、轻松的感受，将对称和均衡结合使用，可以发挥优势，规避劣势，是更好的处理方式。

　　中国古典家具是以对称的人体尺度为依据的，绝大部分家具与人体尺度紧密相关，大多保持对称的形式，如座、椅、桌、案之类（见图 4-26、图 4-27），只有小部分家具受人体尺度限制较少，会采用均衡的形式，如橱、柜、架、格之类（见图 4-28），但是如果是成对的橱柜架格，还是会做成两件对称存在的形式。

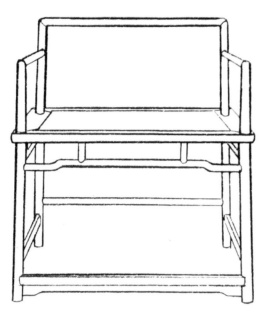

图4-26　保持轴对称的座椅

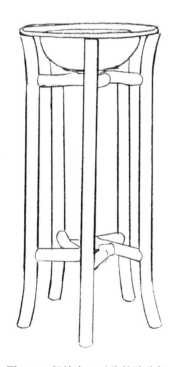

图4-27　保持中心对称的脸盆架

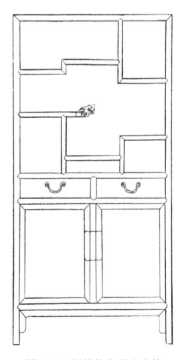

图4-28　保持均衡的多宝格

（四）节奏与韵律

节奏与韵律是在物体打破稳定后引起的变化规律，重复或按秩序排列的运动状态，产生空间感和运动感。节奏与韵律的构成形式是以一基本形态进行循序渐进的规律变化，如大小的渐变、方向的渐变、位置的渐变和形态的渐变等。

中国古典家具采用节奏与韵律来打破均衡产生的沉闷、呆板的状态，使家具更具活力和动感，具有节奏和韵律感。如罗汉床的三面床围子多为相同高度，少数床围子则在高度上进行变化，或后面围子高，两边围子矮，且在各个围子收尾处作罗锅状下折呈略矮高度，使高度出现有渐矮的变化。更有一些床围子做成多块均匀的攒框板（见图4-29），围子本身依攒框板为单位逐渐变矮，从后面床围至两端床围更是出现渐次降低的节奏，更具韵律感。

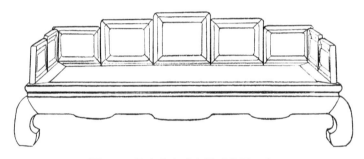

图4-29　具有节奏感床围子的罗汉床

第五节　中国古典家具的线脚

中国古典家具的线脚是指家具边抹、掌子、腿足等部位通过面、线的细微处理来表现不同的形态。面的基本形态包括平面、混面（凸面）和洼面（凹面）（见图4-30），线则包括阳线和阴线（见图4-31）。平面的高低起伏、曲面的舒敛紧缓，线的粗细深浅等细微的变化可以产生截然不同的视觉效果。面、线的搭配也让线脚有了更丰富的变化。

（一）边抹的线脚

边抹是指椅凳、桌案、床榻等的面上用攒边做法攒成边框的四边，即大边（长边）和抹头（短边）。边抹的线脚处理效果正好展现在正面，对家具整体造型有修饰、美化的作用。边抹的做法都是面线相结合，不同的搭配，不同的曲线处理，产生不同的效果（见图 4-32）。边抹的线脚有多种处理方法，可以是上舒下敛，似盘碟边沿的断面，称作"冰盘沿"；也可以是上下对称或均衡的做法。

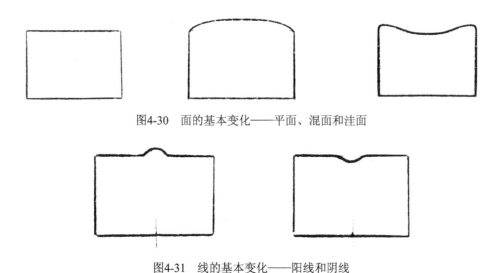

图4-30 面的基本变化——平面、混面和洼面

图4-31 线的基本变化——阳线和阴线

（二）腿足的线脚

中国古典家具的腿足截面形状变化已经十分丰富了，加上线脚的细节处理，更产生许多造型的变化。腿足的线脚是在腿足截面形状的基础上，在腿足进行凹凸的线面处理，一般做法为平面、混面、洼面、阳线和阴线的组合搭配（见图 4-33）。

（三）线脚的使用规律

线脚是中国古典家具的独特之处，线脚是微妙变化的，线脚又是千变万化的，线脚的毫厘之间足以改变家具的整体造型效果，因此家具的造型处理不可忽视线脚的处理。

但是线脚又不是混搭的，不同的家具造型搭配不同的线脚处理，多已形成定式。如刀板牙子、梯子枨、圆腿的平头案多是冰盘沿，光素圆腿和圆枨，腿足不做线脚处理（见图 4-34），而花牙子平头案的腿足则多使用丰富线脚处理（见图 4-35），与装饰的花牙子相呼应。如一腿三牙的方桌，一般边抹下会接跤边的木条，两者共同组成冰盘沿线脚，腿足和枨子偶用圆腿和圆枨（见图 4-36），多为瓜棱腿和相应的枨子处理（见图 4-37）。

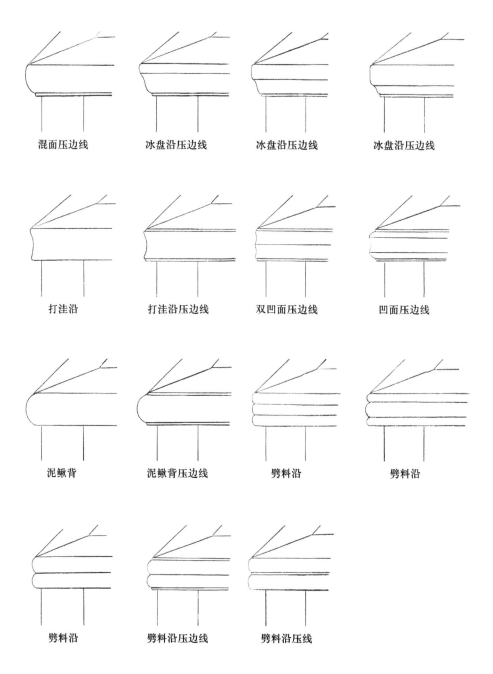

图4-32　中国古典家具边抹的线脚变化

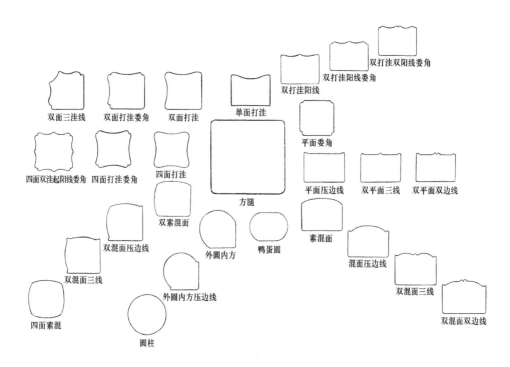

图4-33　中国古典家具腿足的线脚变化

图4-34　不做线脚处理的平头案

图4-35　丰富线脚处理的平头案

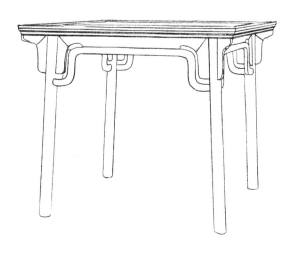

图4-36　不做线脚处理的一腿三牙方桌

图4-37　瓜棱腿的一腿三牙方桌

第**5**章

中国古典家具的人因工程学

第一节　人因工程学与人体尺度

（一）人因工程学在家具中的应用

人因工程学也称为人机工程学、人类工效学等，是一门应用较为广泛的综合性边缘学科。2000 年 8 月国际工效学会发布的人因工程学被定义为：人因工程学是研究系统中人与其他组成部分交互关系的一门科学，并运用理论、原理、数据和方法进行设计，以优化系统的效能和人的健康幸福之间的关系。人因工程在家具中的应用，则是通过对人的生理和心理的深入分析，强调家具在使用过程中对人体的生理和心理影响，使家具符合人的生理尺度和心理尺度，为家具设计提供科学的尺度依据。

（二）人体测量数据在家具中的应用

家具是与人接触最为紧密的产品，人体尺度数据是进行家具设计的基本依据。例如，人体的身高决定橱柜类家具的高度，以及躺卧类家具的长度；人的小腿高度决定座椅类家具的座高，以及躺卧类家具的座高；人的手臂活动范围决定家具中的抽屉、柜门的高度范围等。学习中国古典家具设计，也必须先了解人体各部位的尺度范围。

人体尺度是复杂多变的，不同的民族、不同的地区、不同的性别、不同的年龄，会产生不同的人体尺度。即使是相同背景下，也因个体差异，出现浮动的范围。而家具设计属于通用设计，即要满足大部分人的使用需要，因此在充分考虑人体尺度差异性的基础上，对人体尺度做出取舍。我国制定的人体尺寸标准（见表 5-1），就采集了 1%、5%、10%、50%、90%、95%、99% 的人体主要尺寸。而家具设计中涉及的尺度要参考哪一种百分比的人体尺寸，则需要具体分析，得到一个需要的最佳范围。

表 5-1 中国成年人人体尺寸

测量工具	百分位数 年龄分组	男（18～60岁）							女（18～55岁）						
		1%	5%	10%	50%	90%	95%	99%	1%	5%	10%	50%	90%	95%	99%
人体主要尺寸	身高/毫米	1 543	1 583	1 604	1 678	1 754	1 775	1 814	1 449	1 484	1 503	1 570	1 640	1 659	1 697
	体重/千克	44	48	50	59	70	75	83	39	42	44	52	63	66	74
	上臂长/毫米	279	289	294	313	333	338	349	252	262	267	284	303	308	319
	前臂长/毫米	206	216	220	237	253	258	268	185	193	198	213	229	234	242
	大腿长/毫米	413	428	436	465	496	505	523	387	402	410	438	467	476	494
	小腿长/毫米	324	338	344	369	396	403	419	300	313	319	344	370	376	390
立姿人体尺寸	眼高/毫米	1 438	1 474	1 495	1 568	1 643	1 664	1 705	1 337	1 371	1 388	1 454	1 522	1 541	1 579
	肩高/毫米	1 244	1 281	1 299	1 367	1 435	1 455	1 494	1 166	1 195	1 211	1 271	1 333	1 350	1 385
	肘高/毫米	925	954	968	1 024	1 079	1 096	1 128	873	899	913	960	1 009	1 023	1 050
	手功能高/毫米	656	680	693	741	787	801	828	630	650	662	704	746	757	778
	会阴高/毫米	701	728	741	790	840	856	887	648	673	686	732	779	792	819
	胫骨点高/毫米	394	409	417	444	472	481	498	363	377	384	410	437	444	459
坐姿人体尺寸	坐高/毫米	836	858	870	908	947	958	979	789	809	819	855	891	901	920
	坐姿颈椎点高/毫米	599	615	624	657	691	701	719	563	579	587	617	648	657	675
	坐姿眼高/毫米	729	749	761	798	836	847	868	678	695	704	739	773	783	803
	坐姿肩高/毫米	539	557	566	598	631	641	659	504	518	526	556	585	594	609
	坐姿肘高/毫米	214	228	235	263	291	298	312	201	215	223	251	277	284	299
	坐姿大腿厚/毫米	103	112	116	130	146	151	160	107	113	117	130	146	151	160
	坐姿膝高/毫米	441	456	464	493	523	532	549	410	424	431	458	485	493	507
	小腿加足高/毫米	372	383	389	413	439	448	463	331	342	350	382	399	406	417
	坐深/毫米	407	421	429	457	486	494	510	388	401	408	433	461	469	485
	臀膝距/毫米	499	515	524	554	585	595	613	481	495	502	529	561	570	587
	坐姿下肢长/毫米	892	921	937	992	1 046	1 063	1 096	826	851	865	912	960	975	1 005
人体水平尺寸	胸宽/毫米	242	253	259	280	307	315	331	219	233	239	260	289	299	319
	胸厚/毫米	176	186	191	212	237	245	261	159	170	176	199	230	239	260
	肩宽/毫米	330	244	351	375	397	403	415	304	320	328	351	371	377	387
	最大肩宽/毫米	383	398	405	431	460	469	486	347	363	371	397	428	438	458
	臀宽/毫米	273	282	288	306	327	334	346	275	290	296	317	340	346	360
	坐姿臀宽/毫米	284	295	300	321	347	355	369	295	310	318	344	374	382	400
	坐姿两肘间宽/毫米	353	371	381	422	473	489	518	326	348	360	404	460	478	509
	胸围/毫米	762	791	806	867	944	970	1 018	717	745	760	825	919	949	1 005
	腰围/毫米	620	650	665	735	859	895	960	622	659	680	772	904	950	1 025
	臀围/毫米	780	805	820	875	948	970	1 009	795	824	840	900	975	1 000	1 044

数据来源：中华人民共和国国家标准 GB 10000—1988 中国成年人人体尺寸。

第二节　中国古典家具的人因和尺度

一、坐具

（一）坐具的人因

1. 坐具的脊柱支撑

人的脊柱是由 33 节椎骨、骶骨及尾骨连接而成，从上到下分别是：7 节颈椎、12 节胸椎、5 节腰椎、5 节骶骨以及 4 节尾骨（见图 5-1）。它们均由软骨组织和韧带联系，使人体能进行复杂的屈伸活动。从人体的侧面观察，脊柱呈自然弯曲的状态，上端颈椎向前凸出，胸椎向后凹进，到了腰椎又向前凸出，骶椎再向后凹进，形成了颈曲、胸曲、腰曲、骶曲四个自然的生理性弯曲。脊柱的弯曲形状，是人类在进化过程中自然形成的，人体在保持坐姿时如果能使脊柱保持这种自然弯曲状态，能减少椎间盘内压力，减少肌肉负荷，人体才能处于舒适状态。如果人体在保持坐姿时使脊柱改变了自然的弯曲状态，就会引起椎间盘、韧带和肌肉的受力，使人感到不适。

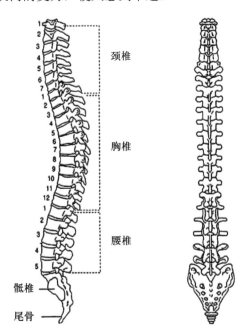

图5-1　人体脊柱的构造图

实验证明，当人们保持坐姿时，椎间盘内压力和肌肉疲劳是引起不舒服感觉的主要原因，如果座椅能够降低椎间盘内压力和肌肉负荷，并使之降到尽可能小的程度，就能产生舒服的感觉。人的坐姿主要有弯腰坐、直腰坐和后仰倚靠背坐三种姿势。弯腰坐有利于肌肉放松，却增加了椎间盘的内压力；直腰坐有利于降低椎间盘内压力，但肌肉负荷增大；后仰倚靠背坐既有利于降低椎间盘内压力，又能减少肌肉负荷。

人们坐姿主要是工作或休闲的需要，中国古典家具的坐具主要提供了两种坐姿：直腰坐和后仰倚靠背坐（专指有靠背的坐具）（见图5-2）。当人们需要工作时，可以直腰坐，减少椎间盘内压力，但时间长了，就会引起肌肉疲劳，引起不适，于是可以采用后仰倚靠背坐，依然可以减少椎间盘内压力，又能放松肌肉，保持轻松、舒服的状态。因此中国古典家具坐具的靠背就显得尤为重要，靠背一般为曲线，有C形、S形曲线之分，且背倾角（座面与靠背的夹角）多在100°～105°，也有没有角度的直靠背（见图5-3）。S形靠背是最人机、最舒服的靠背曲线，在没有科学人机工学理论指导的古代，工匠们完全在实践中摸索，设计出了符合人体尺度的S形靠背。S形靠背与人体的脊柱曲线相合（见图5-4），在人们后仰倚靠靠背的过程中，为人体提供了腰椎、胸椎和颈椎三部分的支撑，能够有效减少椎间盘内压力，并放松肌肉，达到放松舒适的休息状态。其中S形靠背下部外凸的曲线主要支撑腰椎，称为腰靠，特别是第4、5腰椎之间的支撑是最舒适的腰部支撑。S形靠背上部内凹的曲线主要支撑胸椎，称为肩靠，特别是第5、6节胸椎之间的支撑是最舒适的肩部支撑。靠背之上还设有搭脑，主要是支撑颈部和头部。

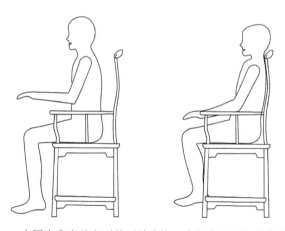

图5-2　中国古典坐具主要的两种坐姿：直腰坐和后仰倚靠背坐

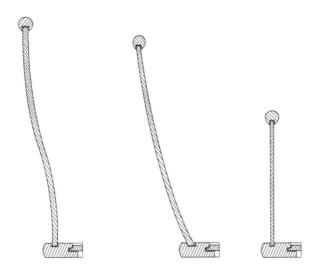

图5-3 中国古典坐具的三种靠背曲线：S形，C形，直背形

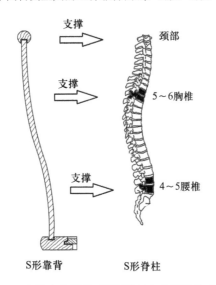

图5-4 中国古典坐具S形靠背对人体脊柱的支撑

2. 坐具的座面支撑

座面是支撑臀部和腿部的部分，承担了人体大部分重量的支撑，因此座面的设计处理是保证人体坐姿舒适度的重要部分。人体结构在骨盆下有两块圆骨，称为坐骨结节。图 5-5 为较为合理的座面体压分布图（把压力相等的点连起来形成的等压线），座面上的臀部压力分布应是在坐骨结节处最大，由此向外，压力逐渐减小，直至于座面前缘接触的大腿下部，压力最小。

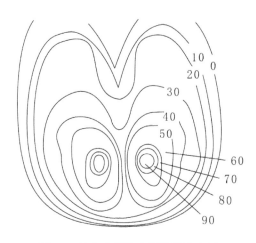

图5-5　较为合理的座面体压分布图

中国古典家具的坐具座面一般有软屉、硬屉之分。软屉是指座面芯板是使用棕绳编织成的软垫，有一定的柔软度和弹性，可以有效支撑臀部的受力，软屉在承受压力时自然下垂，形成3°～5°的坐倾角，正是人体保持放松姿态的自然角度（见图5-6）。软屉是比较科学合理的座面处理，但易坏，现存传世的坐具软屉多损毁，而改为简单结实的硬屉来代替了。硬屉是指座面芯板为实木做成，坚固耐用，但是没有弹性，与人体接触舒适度不高。其实古人使用坐具往往不是直接坐于其上，多使用软垫、锦绣铺于其上，增加了柔软度和弹性，对臀部的支撑会更加舒适。今人使用古典坐具往往忽视这一细节，做设计时要充分考虑到。

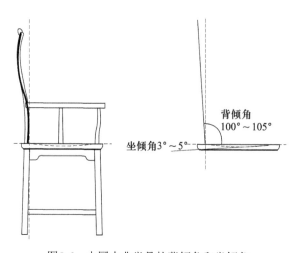

图5-6　中国古典坐具的背倾角和坐倾角

座面宽度和深度应保持一定的尺度，使臀部和腿部得到足够的支撑，中国古典家具的座面长度受整体家具尺度的影响而变化，一般在 480～700 毫米，座面宽度则一般比座面长度略窄，呈长方形。

适当的椅面高度，应使椅面承托使用者的臀部和腿部，小腿可以自然垂直，或将脚放在地面上，或将脚放在踏脚掌上。踏脚掌是中国古典家具特有的功能构件，为使用者放置脚增加了新的选择，使用者坐在座面上后，腿部略内弯，可以踩在踏脚掌上获得向上的支撑，缓解臀部承受的身体压力，腿部也可以外伸，脚直接落在地面上，放松大腿底部的肌肉。脚放在踏脚掌上和地面上可以随意变换，缓解长期同一姿势产生的疲惫，增加使用者的舒适度（见图 5-7）。因为有踏脚掌的设置，中国古典家具的坐具比普通的坐具略高，依据中国人体尺寸分析，一般座面高度可取为 430～450 毫米，中国古典家具的座面高度一般在 460～540 毫米。在设计中国古典坐具时，若不设置踏脚掌，椅面高度也应适当降低，才能达到舒适的高度。

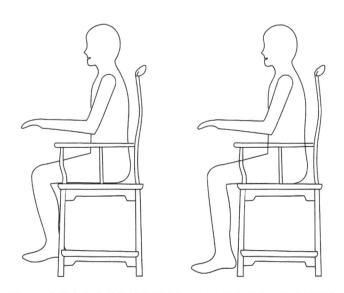

图5-7　中国古典坐具脚的位置选择：踩在踏脚掌上，落在地面上

（二）坐具的尺度

不同种类的坐具，坐姿是不同的，对尺度的要求也是不同的，但所有坐具应该达到最基本的功能需求和一定的舒适要求。不同种类的坐具尺度见表 5-2。

表 5-2　不同种类坐具的尺度

项目	机凳	坐墩	靠背椅	扶手椅	玫瑰椅	圈椅
总高H/毫米	420~450	420~520	820~1 200	820~1 200	700~850	800~1 100
座面高H_1/毫米			420~520	460~540	460~500	460~540
总长L/毫米	480~550	350~600	470~670	500~720	470~670	500~720
座面长L_1/毫米			450~650	480~700	450~650	480~700
总宽W/毫米	420~550	350~600	400~520	420~620	400~520	420~620
座面宽W_1/毫米			380~500	400~600	380~500	400~600
坐倾角A/(°)			3~5	3~5	3~5	3~5
背倾角B/(°)			100~105	100~105	100~105	100~105

　　机凳是没有靠背的简单坐具，属于古时临时休憩使用，一般不设置踏脚枨。腿间的横枨多上提，既保证家具的坚固稳定，又增加容腿空间，增加使用的自由度和舒适度。机凳的座面高度多控制在 420 ～ 550 毫米，座面多为正方形，或长方形，少数为圆形、梅花形、海棠形等异形座面。座面长度一般控制在 480 ～ 550 毫米，宽度可相同，呈正方形，或略窄，控制在 420 ～ 480 毫米，呈长方形。

　　坐墩一般为圆形，下承托泥或呈鼓形，没有靠背，古时一般置于闺房或花厅供女士使用的坐具，尺寸要比机凳略小或显玲珑小巧。现在也沿用坐墩小巧的特点，座面高度一般控制在 420 ～ 520 毫米，腹径则受造型影响比较自由，在 350 ～ 600 毫米都可以选择。

　　靠背椅是没有扶手，只设靠背的椅子。因为没有扶手，所以靠背前面、左右三个方向都可以坐上去，比扶手椅要灵活一些，体量也略小巧。靠背椅有踏脚枨，座面比一般扶手椅略矮，一般控制在 420 ～ 520 毫米，而靠背的高度则受整体靠背椅的造型和靠背、搭脑的设计而定，没有特别的限定。座面也比扶手椅略小，长度控制在 450 ～ 650 毫米，宽度控制在 380 ～ 500 毫米，一般呈长方形。

　　扶手椅是既有靠背又有扶手的椅子，主要有四出头官帽椅和不出头官帽椅。扶手椅的尺度受到家具造型风格的影响而略有变化，如果是威严大气风格的扶手椅，尺寸会略大；如果是精致优雅风格的扶手椅，尺寸会略小。座面高度一般控制在460～540毫米，通高受靠背高度和搭脑形态的影响，靠背和搭脑可以上扬高耸，通高达1 200毫米，甚至更高，靠背和搭脑也可以温和内敛，通高仅在820毫米，甚至更矮。同时受整体造型的影响，不出头官帽椅的通高会比四出头官帽椅略矮。座面面长控制在480～700毫米，宽度控制在400～600毫米，一般呈长方形。

玫瑰椅是扶手椅的一种，靠背和扶手都与座面竖直，且靠背较矮，可以放于厅堂窗户下的墙边，古时一般为休闲时所用，尺度较为小巧。座面高度较一般扶手椅相同或略矮，在460～500毫米，靠背高度较一般椅子矮，通高多在700～850毫米。座面较一般扶手椅相同或略小，面长控制在450～650毫米，宽度控制在380～500毫米，一般呈长方形。

圈椅是搭脑和扶手连成圆形椅圈的椅子，座面高度和一般椅子相当，在460～540毫米，通高在800～1 100毫米。椅圈或近圆形，或成椭圆，其弯曲的弧度和前后起伏的高度会直接影响使用者的舒适度。所以圈椅的舒适度受椅圈的形态影响较大，一般舒适的圈椅，往往是椅圈设计得合理，很好地承接了头部和手臂。

宝座不是普通的坐具，主要用于彰显身份，表现权威。因此宝座的尺度不以人因尺度为依据，而着重表现身份地位，体量较大，人坐于其上，一般靠不着扶手和靠背。为了增加舒适度，多在宝座上铺设软垫，增设扶手垫与靠背垫。

二、承具

承具为工作陈列之用，不同类型的承具承担的功能和使用的环境都是不同的，因此有不同的尺度要求（见表5-3）。承具一般与坐具配合，共同实现工作承接的功能，因此对承具的尺度分析应结合坐具一起考虑。

炕桌一般是用于北方土炕或罗汉床上的承具，人们一般盘腿坐于炕上，或者垂足坐于罗汉床上，炕桌就在人们身旁，用于摆放物品，方便人们办公、品茗、会客之用。炕桌受土炕或罗汉床的尺寸影响，炕桌的长度一般在800～1 100毫米，一般为长方形，宽度在500～750毫米，也有正方炕桌的例子。炕桌的高度保持在240～350毫米，方便人们坐于炕桌一侧，炕桌掌子一般较高，留有适当容腿空间，虽不经常将腿脚伸入炕桌下部，也能方便人们变换坐姿，使空间更加灵活轻松。因此，炕桌一般很少使用单独的横掌，即使使用，也会抬高横掌的位置，留出宽松的桌下空间。

八仙桌一般为四人围坐的方桌，八仙桌之名只是民间的俗称，很少有能容八人围坐的八仙桌。八仙桌需要搭配椅子一起使用，因此八仙桌的尺寸与椅子的尺寸相联系。因为中国古典家具的坐具要比现代的坐具座面高度稍高，八仙桌的高度也比现代使用的桌子略高。现代使用的桌子一般高度为780毫米，八仙桌的高度保持在800～850毫米。如果在设计中国古典桌子时，考虑搭配现代座椅，应适当降低桌子的高度，才能达到舒适的高度。八仙桌的长度和宽度等长，一般在850～1 000毫米。

半桌相当于半张八仙桌而略宽的桌案，一般为一桌一椅搭配使用。半桌的高度也在800～850毫米，桌面长度也在850～1 000毫米，宽度在500～700毫米。

条桌、条案是指窄而长的高桌和高案，与半桌相比，条桌、条案要狭长。条案又有平头案和翘头案之分。条桌、条案的高度保持在800～850毫米，长度变化很大，最短至800毫米，最长达数米，宽度在350～500毫米，这样的长宽比使桌案成长条状。

表5-3 不同种类承具的尺度

毫米

项目	炕桌	方桌	半桌	条桌
高H	240～350	800～850	800～850	800～850
长L	800～1 100	850～1 000	850～1 000	800～2 000
宽W	500～750	850～1 000	500～700	350～500

三、卧具

卧具是供人坐卧休息的家具，主要有可供坐、卧的榻和罗汉床，以及主要供卧的架子床和拔步床，不同卧具的尺度见表5-4。

榻和罗汉床都是供人短时休憩或休闲会客的家具，使用者可以垂足或盘腿坐于罗汉床上，也可以躺下小憩。榻和罗汉床的区别是：榻没有床围，罗汉床有床围。榻和罗汉床不是坐具，一般没有踏脚掌，所以罗汉床的座面高度较坐具矮，一般在 460～500 毫米，使用者垂足坐于榻或罗汉床边，脚部可以着地。也有座面较高的榻或罗汉床会配专用的脚踏，榻或罗汉床和脚踏的相对高度还是在 460～500 毫米。榻和罗汉床的长度一般为 2 000～2 200 毫米，可以容身躺下休憩，宽度一般在 800～1 800 毫米。

架子床是床上设立柱，上承床顶，立柱间安围子的床，即在罗汉床基础上安装床顶。其座面高度和床的长度也与罗汉床相似，但宽度较罗汉床宽。架子床的长度一般在 1 400～2 000 毫米，高度一般在 2 200～2 500 毫米。

拔步床是床前有小廊子的架子床，即在架子床基础上，向前延伸出小廊子。拔步床通常体量较大，尺度也颇复杂，但座面高度、床面长宽这些基础数据可以参考架子床的尺度。

表 5-4　不同种类卧具的尺度

毫米

项目	榻	罗汉床	架子床
高 H	460～500	650～900	2 200～2 500
座高 H_l		460～500	460～500
长 L	2 000～2 200	2 000～2 200	1 400～2 000
宽 W	800～1 800	800～1 800	1 400～2 000

四、庋具

庋具是储藏之用的家具，主要有衣柜、亮格柜、闷户橱等，不同庋具的尺度见表5-5。

表5-5　不同种类庋具的尺度

毫米

项目	圆角柜	方角柜	顶箱柜	四件柜	亮格柜	闷户橱
高H	1 200～1 800	1 200～1 800	2 000～2 800	2 400～3 000	1 600～2 000	850～900
长L	600～1 000	600～1 000	800～1 200	1 600～2 000	800～1 200	
宽W	400～800	400～800	400～800	400～800	400～800	400～600

衣柜主要用来储存衣物，有圆角柜、方角柜、顶箱柜、四件柜等。古时存放衣服与现在不同，主要是折叠平放，没有挂衣的做法。衣柜内部一般设搁板，在中下部的位置增设抽屉，这一位置正好为人手抽拉抽屉最方便合宜的高度。衣柜的高度和长度受造型及比例的影响，可以是体量庞大的大柜，也可以是小巧精致的小柜，可以是高柜，也可以是矮柜。衣柜的宽度也比较自由，从400～800毫米都有使用。至少现在看来，要满足挂衣的功能，400毫米的衣柜宽度明显不够。因此，中国古典家具的衣柜若要为今所用，在整体造型和比例协调的基础上，要在尺度上进行适当调整。

亮格柜是集展示和存储功能的家具，上部增加可展示物品的亮格，下部为存储物品，有柜门封闭的柜子。亮格或四面空间都开敞，或有后背板，左右和前部空间开敞，或者只有前部空间开敞。下部一般为两扇柜门，也有加设外露抽屉的，抽屉的高度也为人手方便合用。因为亮格柜上部有展示的亮格，物品需要使用者摆放、把玩，或者打扫，所以其高度一般控制在2 000毫米，长度一般在800～1 200毫米，宽度则与衣柜类似，在400～800毫米。

闷户橱是抽屉下有闷仓的橱柜，有单抽屉、双抽屉和三抽屉之分，因此也有联二橱和联三橱的称谓。闷户橱的长度受抽屉个数的影响，宽度则保持在400～600毫米。闷户橱也是具有储存和承物的双重功能，橱面上的承物功能与桌案不同，桌案是坐着使用的桌面高度，闷户橱一般是站姿使用的橱面高度，所以闷户橱的高度较桌案略高，一般在850～900毫米。因为闷户橱不是坐着使用的，所以没有容腿空间的考虑，闷户橱的看面抽屉、柜门可以一直延伸到腿足下端。

五、架具

架具是承担支架陈设作用的家具，主要有架格、衣架、脸盆架等。

架格是四足间加横板作隔层，具备存放与陈设两种功能的家具，一般摆放书籍卷册、博古珍玩之类。架格具通透性，或四面空间全部开敞，只有横竖材分割空间，或三面、一面开敞。架格的造型极其自由，但它的尺度却是相类的，这是由于架格做存放和陈设功能，需要使用者经常伸手拿取，故需要与人体尺度相合。架格的长度一般在900～1 100毫米，宽度在400～500毫米，高度控制在2 000毫米以下。

衣架为古人搭衣服用的架子，直接将长袍衣物搭在衣架的横材之上。衣架的搭脑、中牌子和横掌都可以搭放衣物，最上层的搭脑高度，要方便使用者站立搭衣服，因此衣架总高度一般控制在1 800毫米以下。至于衣架的长宽则没有诸多的要求。因为存放衣服的方式不同，现在已经不再使用衣架，但衣架作为中国古典家具特有的家具，其唯美的造型，合宜的比例，以及玲珑的空间处理，已经成为一件陈设艺术品，也多为今人在室内陈设中使用。

脸盆架是古人摆放面盆的专用架子。面盆架置面盆的高度一般在600～700毫米，脸盆放于其上，可以稍俯身使用。脸盆架后腿上延，以搭脑收尾，总高也不宜超过1 800毫米。

第**6**章
中国古典家具的设计程序

第一节　确定设计项目

中国古典家具的设计项目一般分为两种，一种是大众设计，一种是订制设计。大众设计是指根据大众的消费需求，设计出可以满足大部分消费者需求的设计；订制设计是指由特定的客户对家具提出具体设计要求，设计师根据要求进行设计。不论是大众设计还是订制设计，明确设计内容、理解设计要求都是最重要的。

第二节　设计调研

设计调研是设计过程中不可或缺的环节，设计调研可以是行动上明确的调研工作，也可以是大脑的分析和总结，这主要取决于设计师对设计项目的熟悉程度。如果设计师对设计项目的背景、发展以及设计趋势都已深入掌握，则等同于设计调研的完成。如果设计师对设计项目不够熟悉，则有必要通过调研工作来获得足够的基础储备，为下一步的设计工作做好准备。

第三节　设计定位

通过对设计项目的准确把握和设计调研的深入分析总结，可以获得基本准确的设计定位。设计定位包括：人群定位、风格定位等。人群定位指设计主要针对哪一部分目标消费群体，这一消费群体的生活习惯、审美、消费能力都会对设计产生深远的影响。根据这一消费群体的特点，来决定选择的风格是简洁还是繁复，是素雅还是奢华，以及设计家具使用的木材、加工工艺、价格定位等。这些都是设计得以顺利进行的坚实基础。

第四节　草图绘制

草图绘制（见图 6-1～图 6-9）的过程是设计创意的核心阶段，是设计者明确设计项目、理解设计要求后设计构思的形象表现，是将设计师头脑中涌现出的设计创意表达出来，可以进行大刀阔斧的创新设计，也可以选择完善细节的改良设计。可以在固定时间内进行头脑风暴，获得多一些的设计创意，开阔设计思路，发散设计思维，设计可以是无限可能的。只有如此，才能在草图阶段得到更多设计的源泉，创造性地解决设计问题。

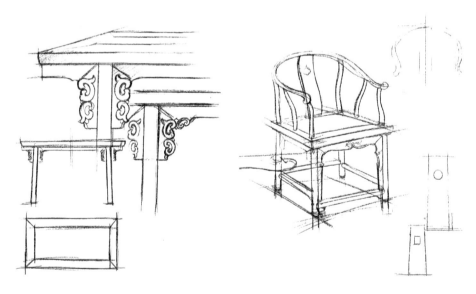

图6-1　平头案设计草图　　　　图6-2　圈椅设计草图

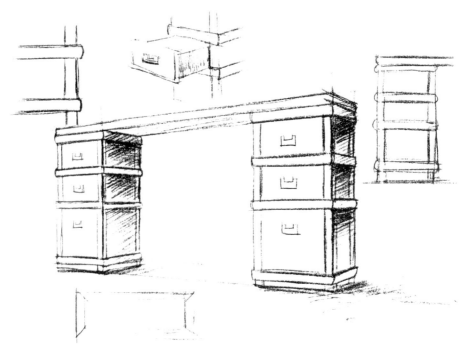

图6-3　架几案设计草图

图6-4　炕桌设计草图　　　　　图6-5　方角柜设计草图

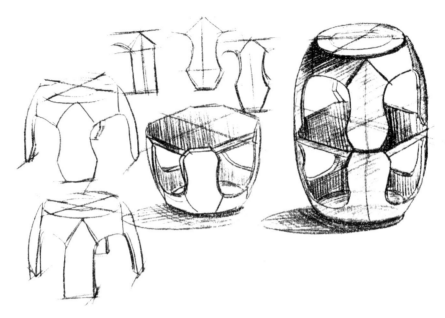

图6-6 鼓墩设计草图

图6-7 扶手椅设计草图

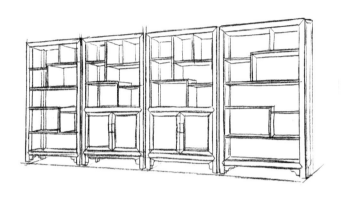

图6-8　博古架设计草图

图6-9　床头柜设计草图

第五节　优化方案

　　通过前期的头脑风暴，可以获得多种设计创意，对这些设计创意进行深入思考，选择可实现的、有创意的、可深化设计的方案进行深化。这一过程是对设计创意的筛选，要理性客观地分析，可以邀请评审人员参与评价，才能获得最适合深入的设计方案。

　　对筛选出来的设计方案进行深化设计（见图6-10、图6-11），深化设计涉及整体的比例、造型、风格、结构、功能、材料、加工工艺、尺度、雕刻细节的综合设计。此时可以绘制比较精细的草图,包括细节的处理方案。设计期间,可以邀请客户或评审人员参与评价,及时提出完善意见。

图6-10　方角柜方案优化

图6-11　书架方案优化

第六节　设计完善

设计完善是在设计深入完成后,绘制尺寸准确的三视图和结构图(见图6-12～图6-14),以及准确的效果图和设计版面(见图6-15～图6-18)。在中国古典家具的设计中,建议三视图和结构详图使用手绘或者打印出1:1的图纸进行比例尺度的预览和考量。因为中国古典家具的尺度非常微妙,毫米之差就会影响整体的造型和比例。

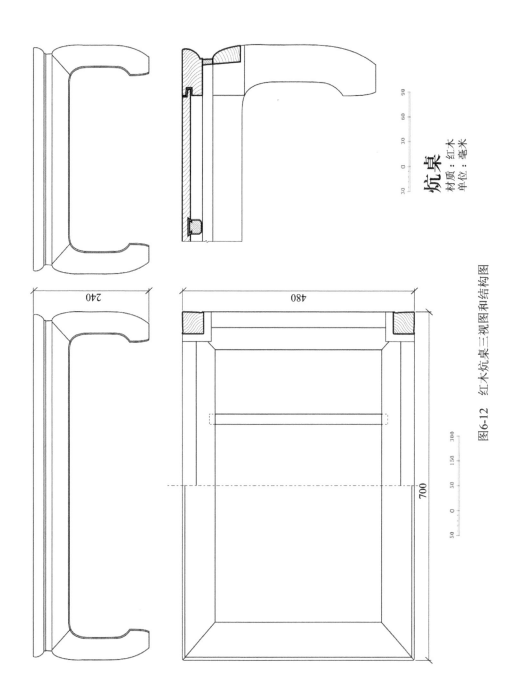

图6-12　红木炕桌三视图和结构图

炕桌
材质：红木
单位：毫米

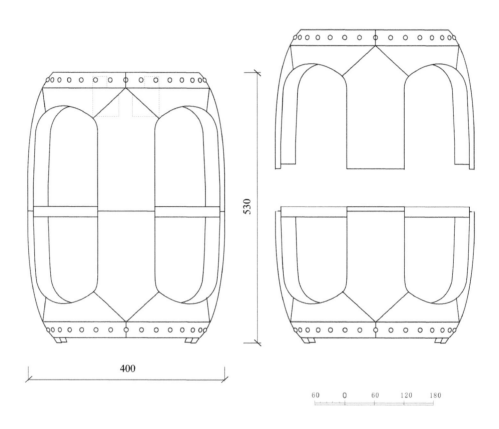

530

400

60　　　0　　　60　　　120　　　180

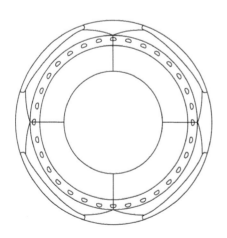

鼓墩叠凳
材质：榆木
单位：毫米

图6-13　榆木鼓墩叠凳三视图和结构图

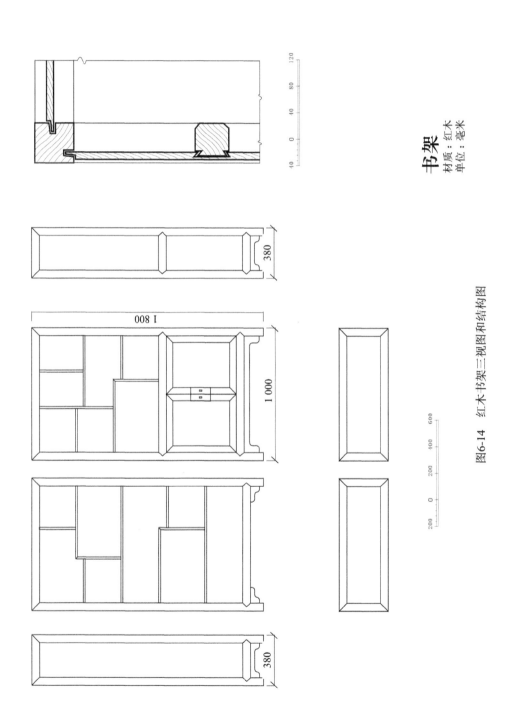

书架
材质：红木
单位：毫米

图6-14　红木书架三视图和结构图

可以书柜成对摆放，也可以书架
成对摆放，还可以书柜书架搭配摆放，
效果图展示的是成对书柜书架联合摆放，成为一组，总长约4米，
不同的摆放方法可以满足不同大小的居室需求。

图6-15　书架效果图设计版面（一）

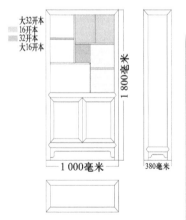

现在书籍的主要尺寸为32开、
大32开、16开、大16开等主要
尺寸，该书柜可以分别摆放所
有尺寸的书籍，而且书籍摆放
高低错落，整齐划一。

传统和现代家具中的书柜都是直
板的，书架都是灵活的，这件书
柜将书柜和书架结合起来，使书
柜灵活多变而又实用。

图6-16　书架效果图设计版面（二）

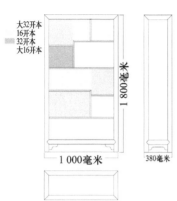

大32开本
16开本
32开本
大16开本

1 800毫米

1 000毫米

380毫米

现在书籍的主要尺寸为32开、大32开、16开、大16开等主要尺寸，该书柜可以分别摆放所有尺寸的书籍，而且书籍摆放高低错落，整齐划一。

传统和现代家具中的书柜都是直板的，书架都是灵活的，这件书柜将书柜和博古架结合起来，使书柜灵活多变而又实用。

图6-17 书架效果图设计版面

图6-18 鼓墩效果图

第七节 加工制作

设计师需要使用效果图和1:1的三视图与工人师傅沟通，开出下料单，进行加工制作。如果是使用硬木制作家具，一般会先使用柴木做草模，再进行修改完善。柴木制作的家具是设计的模型，也是设计深化的重要过程，1:1的柴木草模是推敲比例、确定结构和完善细节的重要过程。设计完全定案后，根据柴木模型，对三视图和结构图重新修改完善，以确保图纸与模型的完全一致。最后使用硬木下料来制作成品（见图6-19～图6-22）。

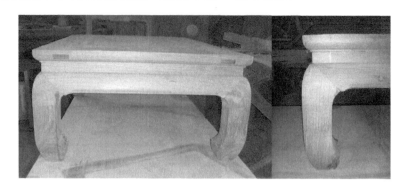

图6-19　炕桌的制作

图6-20　鼓墩的制作

图6-21 香几的制作

图6-22 卷草牙板的雕刻

参 考 文 献

[1] 梁思成. 营造法式注释·卷上 [M]. 北京：中国建筑工业出版社，1983.

[2] 古斯塔夫·艾克. 中国花梨家具图考（中译本）[M]. 北京：地震出版社，1991.

[3] 王世襄. 明式家具珍赏 [M]. 上海：生活·读书·新知三联书店，1985.

[4] 杨耀. 明式家具研究 [M]. 北京：中国建筑工业出版社，1986.

[5] 王世襄. 明式家具研究 [M]. 上海：生活·读书·新知三联书店，1989.

[6] 陈增弼. 明式家具的功能与造型 [J]. 文物，1981（3）.

[7] 萧默. 中国建筑艺术史 [M]. 北京：文物出版社，1999.

[8] 朱家溍. 故宫博物院藏品大系·明清家具 [M]. 上海：上海科学技术出版社，2002.

[9] 胡德生. 明清宫廷家具二十四讲 [M]. 北京：紫禁城出版社，2007.

[10] 吴美凤. 盛清家具形制流变研究 [M]. 北京：紫禁城出版社，2007.

[11] 周默. 木鉴 [M]. 太原：山西古籍出版社，2006.

[12] 扬之水. 明式家具之前 [M]. 上海：上海书店出版社，2011.

[13] 朱家溍. 明清室内陈设 [M]. 北京：紫禁城出版社，2004.

[14] 中国国家博物馆. 简约·华美——明清家具精粹 [M]. 北京：中国社会科学出版社，2007.

[15] 阮长江. 新编中国历代家具图录大全 [M]. 南昌：江西科学技术出版社，2001.

[16] 田家青. 明清家具鉴赏与研究 [M]. 北京：文物出版社，2003.

[17] 台北故宫博物院. 画中家具特展 [M]. 台北：台北故宫博物院，1996.

[18] 北京文物精粹大系编委会. 北京文物精粹大系·家具卷 [M]. 北京：北京出版社，1999.

[19] 柯惕斯. 山西传统家具可乐居选藏 [M]. 太原：山西人民出版社，2012.

[20] 侣明室. 永恒的明式家具 [M]. 北京：紫禁城出版社，2006.